中国地质调查"DD20160060"项目资助

特殊地质地貌区填图方法指南丛书

京津冀山前冲洪积平原区 1：50000 填图方法指南

张运强　专少鹏　魏文通　李振宏　公王斌　潘志龙　等　著

科学出版社

北　京

内 容 简 介

京津冀山前冲洪积平原区地处京津冀三地的山麓向平原过渡地带，本区第四系覆盖区地质填图旨在查明地下地质结构及地质环境特征，为京津冀协同发展和生态文明建设提供基础支撑。本书分两部分，第一部分根据京津冀山前冲洪积平原区地质地貌特征和填图目标任务，系统总结了第四纪地质地貌、活动断裂、基岩地质、三维地质结构和成果图件表达等方面的技术方法及有效组合；第二部分以河北1：50000大厂回族自治县等3幅平原区填图实践为例，详细介绍了上述调查技术方法及组合的有效性、适用性和实用性。

本书可供在京津冀山前冲洪积平原区从事区域地质、环境地质、城市地质和旅游地质等领域调查研究工作的专业人员参考。

图书在版编目（CIP）数据

京津冀山前冲洪积平原区1：50000填图方法指南/张运强等著.—北京：科学出版社，2020.6

（特殊地质地貌区填图方法指南丛书）

ISBN 978-7-03-065099-3

Ⅰ.①京… Ⅱ.①张… Ⅲ.①华北平原—地质填图—指南 Ⅳ.① P623-62

中国版本图书馆 CIP 数据核字 (2020) 第 080514 号

责任编辑：王　运 / 责任校对：张小霞
责任印制：吴兆东 / 封面设计：铭轩堂

科学出版社 出版
北京东黄城根北街16号
邮政编码：100717
http://www.sciencep.com
北京建宏印刷有限公司 印刷
科学出版社发行　各地新华书店经销

*

2020年6月第 一 版　开本：787×1092　1/16
2020年6月第一次印刷　印张：11
字数：261 000

定价：138.00元

（如有印装质量问题，我社负责调换）

《特殊地质地貌区填图方法指南丛书》
编辑委员会

本书作者名单

张运强　专少鹏　魏文通　李振宏
公王斌　潘志龙　张　欢　张金龙
李庆喆　石光耀　张鹏程　申宗义
卜　令　陈宏强　杨　瑞　陈圆圆
何娇月　季　虹　杨鑫朋　侯德华
陈　超　段炳鑫　王金贵　赵华平
程　洲　王　硕　刘蓓蓓

丛 书 序

目前，我国已基本完成陆域可测地区1∶20万、1∶25万区域地质调查、重要经济区和成矿带1∶50000区域地质调查，形成了一套完整的地质填图技术标准规范，为推进区域地质调查工作做出了历史性贡献。近年来，地质调查工作由传统的供给驱动型转变为需求驱动型，地质找矿、灾害防治、环境保护、工程建设等专业领域对地质填图成果的服务能力提出了新的要求。但是，利用传统的填图方法或借助传统交通工具难以开展地质调查的特殊地质地貌区（森林草原、戈壁荒漠、湿地沼泽、黄土覆盖区、新构造-活动构造发育区、岩溶区、高山峡谷、海岸带等）是矿产资源富集、自然环境脆弱、科学问题交汇、经济活动活跃的地区，调查研究程度相对较低，不能完全满足经济社会发展和生态文明建设的迫切需求。因此，在我国经济新常态下，区域地质调查领域、方式和方法的转变，正成为地质行业一项迫在眉睫的任务；同时，提高地质填图成果多尺度、多层次和多目标的服务能力，也是现代地质调查工作支撑服务国家重大发展战略和自然资源中心工作的必然要求。

在中国地质调查局基础调查部指导下，经过一年多的研究论证和精心部署，"特殊地区地质填图工程"于2014年正式启动，由中国地质科学院地质力学研究所组织实施。该工程的目标是本着精准服务的新理念、新职责、新目标，聚焦国家重大需求，革新区调填图思路，拓展我国区域地质调查领域；按照需求导向、目标导向，针对不同类型特殊地质地貌区的基本特征和分布区域，围绕国家重要能源资源接替基地、丝绸之路经济带、东部T型经济带（沿海经济带和长江经济带）等重大战略，在不同类型的特殊地区进行1∶50000地质填图试点，统筹部署地质调查工作，融合多学科、多手段，探索不同类型特殊地质地貌区填图技术方法，逐渐形成适合不同类型特殊地质地貌区的填图工作指南与规范，引领我国区域地质调查工作由基岩裸露区向特殊地质地貌区转移，创新地质填图成果表达方式，探讨形成面对多目标的服务成果。该工程一方面在工作内容和服务对象上进行深度调整，从解决国家重大资源环境科学问题出发，加强资源、环境、重要经济区等综合地质调查，注重人类活动与地球系统之间的相互作用和相互影响，积极拓展服务领域；另一方面，全方位地融合现代科技手段，探索地质调查新模式，创新成果表达内容和方式，提高服务的质量和效率。

工程所设各试点项目由中国地质调查局大区地质调查中心、研究所及高等院校承担，经过4年的艰苦努力，特殊地区地质填图工程下设项目如期完成预设目标任务。在项目执行过程中同时开展多项中外合作填图项目，充分借鉴国外经验，探索出一套符合我国地质背景的特殊地区填图方法，促进填图质量稳步提升。《特殊地质地貌区填图方法指南丛书》是经全国相关领域著名专家和编辑委员会反复讨论和修改，在各试点项目调查和研究成果的基础上编写而成。全书分 10 册，内容包括戈壁荒漠覆盖区、长三角平原区、高山峡谷区、森林沼泽覆盖区、山前盆地覆盖区、南方强风化层覆盖区、岩溶区、黄土覆盖区、新构造 - 活动构造发育区等不同类型特殊地质地貌区 1：50000 填图方法指南及特殊地质地貌区填图技术方法指南。每个分册主要阐述了在这种地质地貌区开展 1：50000 地质填图的目标任务、工作流程、技术路线、技术方法及填图实践成果等，形成了一套特殊地质地貌区区域地质调查技术标准规范和填图技术方法体系。

这套丛书是在中国地质调查局基础调查部领导下，由中国地质科学院地质力学研究所组织实施，中国地质调查局有关直属单位、高等院校、地方地质调查机构的地调、科研与教学人员花费几年艰苦努力、探索总结完成的，对今后一段时间我国基础地质调查工作具有重要的指导意义和参考价值。在此，我向所有为这套丛书付出心血的人员表示衷心的祝贺！

李廷栋

2018 年 6 月 20 日

前　　言

当前在我国经济新常态下，随着社会需求多样化和科学技术的飞速发展，现代地质调查工作正在经历着从内到外的巨大变革。一方面，工作内容和服务对象深度调整，表现在更加注重人类活动与地球系统之间的相互作用和相互影响，要求地质工作从解决国家重大资源环境科学问题出发，加强重要经济区带的资源、环境等综合地质调查，积极拓展服务领域；另一方面，现代化的技术手段方法突飞猛进的发展，需要地质调查工作积极融合高科技手段，探索地质调查新模式，创新成果表达内容和方式，提高服务的质量和效率。在此背景下，2014 年中国地质调查局启动了"特殊地区地质填图工程"，旨在通过对不同类型特殊地质地貌区开展区域地质填图试点与示范，探索并创新能够满足社会多目标需求的现代地质填图方法，形成一套适合特殊地质地貌区区域地质调查的技术标准规范和填图技术方法体系。

京津冀山前冲洪积平原区地处太行山、燕山山前地带，自然条件优越、经济基础雄厚，随着京津冀协同发展的深入，将成为全国创新驱动经济增长新引擎、生态修复环境改善示范区。但是，长期以来，本区第四纪研究相对薄弱，地层划分方案存在较大分歧，活动断裂构造的发育特征及分布规律研究程度薄弱，直接影响了基础地质成果在水文地质、工程地质、环境地质等方面的拓展应用。除此之外，疏解北京非首都功能、优化国土空间开发格局、推进交通一体化等京津冀协同发展战略对地质调查提出了新的要求。为此中国地质调查局编写了《支撑服务京津冀协同发展地质调查报告（2015 年）》，而后北京市人民政府、天津市人民政府、河北省人民政府和中国地质调查局共同起草了《支撑服务京津冀协同发展地质调查实施方案（2016—2020 年）》，两份报告均着重强调了地质调查工作要更加聚焦京津冀协同发展大背景下的社会需求，更加强化服务指向。因此，开展京津冀山前冲洪积平原区第四系覆盖区地质填图无论是对解决第四纪地层划分、活动断裂调查研究等重大基础地质问题，还是对探索与创新平原区填图技术方法和成果表达方式，进而为京津冀协同发展、生态文明建设提供基础地学支撑等都具有重要的理论价值和现实意义。

本指南是中国地质调查局"特殊地区地质填图工程"所属"特殊地质地貌区填图试点（DD20160060）"的项目成果之一，工程与项目均由中国地质科学院地质力学研究所组织实施。工程首席为胡健民研究员，副首席为李振宏副研究员；项目负责人为胡健民研究员，副负责人为陈虹副研究员。指南以河北省区域地质调查院承担的子项目"河北 1∶50000 大厂回族自治县、三河县（按照 1∶5 万国际标准分幅命名，下同）、渠口镇三幅第四系覆盖区地质填图试点"为基础，充分参考近年来由北京市地质调查研究院、中国地质调查局天津地质调查中心、天津市地质调查研究院等相关单位在第四纪地质填图方面所取得的最新成果，着重从第四纪地质地貌调查、活动断裂调查、基岩地质调查、三维地质结构、成果图件表达以及成果拓展应用等方面进行了总结。

本指南分为两部分，共十一章：第一章由张运强、魏文通编写；第二章由张运强、公王斌、申宗义、赵华平编写；第三章由张运强、李振宏、魏文通、卜令编写；第四章由专少鹏、潘志龙、杨鑫朋、程洲编写；第五章由石光耀、张金龙、潘志龙、侯德华编写；第六章由张金龙、石光耀、潘志龙、陈超编写；第七章由张欢、陈宏强、杨瑞、王硕编写；第八章由李庆喆、陈圆圆、何娇月、季虹编写；第九章由张欢、张运强、专少鹏、段炳鑫编写；第十章由张运强、专少鹏、张鹏程、刘蓓蓓编写；第十一章由专少鹏、张运强、王金贵编写。全书最终由张运强、专少鹏统稿和定稿。

项目自 2016 年 6 月开展以来，先后得到中国地质调查局基础调查处毛晓长教授级高工、邱士东教授级高工、于庆文教授级高工，中国地质调查局天津地质调查中心辛后田研究员、刘永顺教授级高工、王强研究员，南京地质调查中心张彦杰研究员，中国地质调查局发展研究中心李仰春研究员，西安地质调查中心李荣社教授级高工，北京市地质调查研究院蔡向民教授级高工的指导，天津市地质调查研究院王家兵教授级高工等专家提出了宝贵意见，在此一并表示衷心的感谢！

在本指南编写过程中，始终得到河北省区域地质调查院赵永平所长、张计东总工程师等的支持、指导和帮助，特此致谢！

《京津冀山前冲洪积平原区 1∶50000 填图方法指南》涉及了多种学科、多种方法手段的融合，是一项突破常规平原区第四纪地质填图的探索工作，鉴于作者水平有限，书中错误和不妥之处恳请广大同仁批评指正！

作　者
2020 年 2 月

目　　录

第一部分 京津冀山前冲洪积平原区 1：50000 填图技术方法

第一章 绪 论

第一节 自然地理概况

一、位置及交通

京津冀山前冲洪积平原包括行政区划隶属于河北省、北京市和天津市的太行山东麓、燕山南麓的山区向平原区过渡的广大地区，主要分布于京广线和京山线两侧。本区西倚太行山，北临燕山，东南与广袤的中部冲湖积平原接壤，人口稠密，已有的高速公路、国道、省道形成了四通八达的交通体系。此外，正在逐渐完善的京津冀交通一体化将着力打造"轨道上的京津冀"，未来国家干线铁路、城际铁路、市郊铁路、城市地铁将构成京津冀之间的四层轨道交通网络，交通将更加便利。

二、自然地理概况

（一）地形地貌

1. 地貌分区

京津冀山前冲洪积平原沿太行山和燕山的山麓地带大致呈带状分布，海拔 15～100m，由多条大型河流的冲洪积扇组合而成。有相当一部分前第四纪山麓丘陵，被超覆掩埋于第四系冲洪积砂卵石层、粉砂质黏土、黏土质粉砂等松散堆积物之下，形成古潜山。自东北向西南，可将本区进一步划分为 6 个亚区（图 1-1）（陈望和和倪明云，1987）。

1）滦河 – 洋河山前平原亚区（I_1）

该亚区海拔 10～50m，由洋河、滦河、沙河、陡河等河流的冲洪积扇组成，其中以滦河冲洪积扇面积最大。

2）州河 – 还乡河山前平原亚区（I_2）

该亚区由州河、还乡河等多条小河流的冲洪积扇组成。由于河流短小，冲洪积物质来源不足，导致地面海拔较低，一般为 2.5～15m。

3）永定河 – 潮白河山前平原亚区（I_3）

该亚区由永定河、温榆河、潮白河、白沟河等河流的冲洪积扇构成，海拔

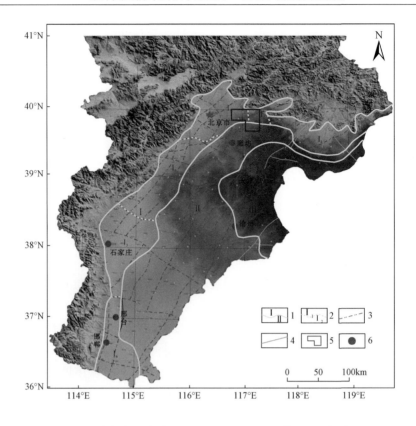

图 1-1　京津冀山前冲洪积平原区及周边 DEM 模型图（部分）

1. 地貌区界线及区号；2. 地貌亚区界线及区号；3. 隐伏断层；4. 活动断层；5. 工作区；6. 城市；Ⅰ. 山前冲洪积平原区；
Ⅱ. 中部冲湖积平原区；Ⅲ. 东部冲海积平原区；I_1. 滦河 – 洋河山前平原亚区；I_2. 州河 – 还乡河山前平原亚区；I_3. 永
定河 – 潮白河山前平原亚区；I_4. 拒马河 – 唐河山前平原亚区；I_5. 滹沱河山前平原亚区；I_6. 漳河 – 沙河山前平原亚区

15 ～ 60m，第四系松散堆积物之下，绝大部分为第四纪以来被冲洪积层掩埋的古山麓丘陵，碳酸盐岩古潜山分布较广。

4）拒马河 – 唐河山前平原亚区（I_4）

该亚区由拒马河、易水河、漕河、府河、唐河等河流的冲洪积扇组成，扇顶海拔 50 ～ 70m，东部为白洋淀，海拔 10 ～ 15m。京广铁路以西基本为中更新世以后被掩埋的古山麓丘陵，古潜山主要由变质岩、白云岩等组成。

5）滹沱河山前平原亚区（I_5）

该亚区由大沙河、磁河、滹沱河、洨河、槐河等河流的冲洪积扇组成，其中又以滹沱河冲洪积扇为主，滹沱河冲洪积扇的顶部海拔 110 ～ 120m，下部标高 23 ～ 28m，藁城以上地面坡降 1/400，以下至束鹿为 1/2000 ～ 1/1200。区内各河流冲洪积扇顶部古潜山的基岩以变质岩为主。

6）漳河 – 沙河山前平原亚区（I_6）

该亚区由漳河、洺河、沙河、白马河等河流的山前冲洪积扇组成，其中以漳河冲洪积扇规模最大，其扇顶标高110m，下部标高为50m。沙河以南被第四系掩埋的古潜山以砂页岩为主；沙河以北为碳酸盐岩古潜山分布区。

2. 地貌特征

1）地貌类型多样

京津冀山前冲洪积平原地处太行山东麓及燕山南麓向平原区过渡地带，地貌组合呈现有规律分布，自山前向平原依次表现出如下规律：山麓坡积裙分布于山地和丘陵向平原的过渡地带；山麓洪积平原则由一系列洪积台地及洪积扇组合而成，洪积扇之间多形成扇间洼地；冲积平原是大型河流出口处形成的巨大扇形平原，扇形平原之上则由于河流频繁改道，形成了河床、河漫滩、边滩、决口扇、堤岸、牛轭湖、泛滥平原等多种类型的河流（微）地貌。

2）人类改造程度高

本区地理位置优越，京津冀、环渤海经济带等国家战略性规划和地方区域发展规划多分布于此，区内人口稠密、城镇化高度发达（图1-2），日益频繁的人类生产活动和城市建设在很大程度上改造了原始地貌，如原有的洼地被填平，残丘岗地被人为削平，同时造就了大量的人工地貌，如取土坑、沙土堆、矸石堆等，也很大程度上丰富了本区地貌类型。

图1-2 三河市燕郊镇及周边城市建筑群分布现状图

（二）气候

本区地处中纬度欧亚大陆的东岸，属于温带－暖温带、半湿润－半干旱大陆性季风气候。具有冬季寒冷少雪，春季干燥、风沙盛行，夏季炎热多雨，秋季晴朗凉爽等特点。年平均气温10～15℃，由北向南逐渐升高。夏季处于迎风坡，当东南部暖湿气流到达时多形成地形雨，故降水比较丰沛，年降水量达600～800mm。

（三）土壤和植被

本区的地貌形态千差万别，土壤类型也不一样，在阶地上多为潮褐土，扇缘洼地为草甸沼泽土，冲积扇上发育潮土，在河流决口扇附近多为风沙土及砂质潮土等类型。植被以人工栽培为主，只在一些洼地、河滩地保留部分天然植被，但类型和种类都很简单。在河漫滩及积水洼地周围有白茅或者芦苇草甸；在静水湖泊及水库边缘有水生植被群落，如水葱、香蒲、虎尾藻、眼子菜等；在固定、半固定沙地和沙丘上有沙生植被，常见沙引草、刺穗藜、米口袋等。

三、经济概况及发展潜力

本区是京津冀农业生产条件最好的地区之一，也是知名的粮棉油和果品的重要产区。其中燕山南麓平原区地处暖温带，农作物生长季节较长，适合种植两年三熟和一年两熟作物，是区域上主要的产粮区；太行山东麓平原区水热条件好，是优势产棉区和产粮区。

本区资源丰富，具有非常优越的自然禀赋。本区亦是北方最大的产业密集区，集中了全国最重要的大中型企业，基础工业实力雄厚，发展潜力巨大。尤其是随着京津冀协同发展国家战略的实施，区内的北京、石家庄、保定、邢台、邯郸、唐山、秦皇岛、廊坊以及雄安新区等城市集群获得了更加难得的时代机遇，经济发展潜力巨大。另外，本区紧邻太行山和燕山，旅游资源十分丰富，极具开发潜力。

第二节　地质概况

一、地层

根据钻孔揭露情况和地球物理资料，京津冀山前冲洪积平原区前第四纪地层较为齐全，由老到新发育有太古宙至新生代新近纪地层。

京津冀山前冲洪积平原区第四系覆盖层自山前向盆地方向厚度逐渐增大，厚度范围 100～500m，属中–深覆盖层。在漫长的地质历史演化过程中，季节性洪泛和河流淤积改道等复杂多变的沉积作用造就了不同成因类型的沉积物，以洪积物、冲积物为主，间夹少量风积物、湖沼积物以及中间过渡类型。并且在平面及垂向空间上表现为沉积物横向延伸较差（图 1-3），沉积相交替变换的特征（蔡向民等，2009b），也是本区第四系显著特点之一。

另外，由于前人工作未对本区第四纪岩石地层进行系统清理，因而"同物异名""异物同名"等现象较为严重,给区域岩石地层划分对比带来了很大困难。限于篇幅,岩石地层划分对比问题及建议将在第三章重点讨论,在此暂不展开论述。

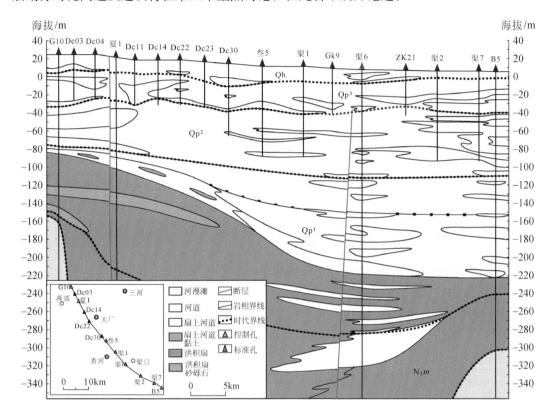

图 1-3　山前冲洪积平原第四系垂向沉积相变示意图

二、构造

本区与整个华北克拉通的前新生代地质构造发展史基本一致,而进入古近纪以来,断裂活动加剧,断裂以北北东向和北东向为主,属张性断裂,以太行山山前断裂为代表,形成了众多的小型断陷盆地。新近纪至第四纪,在边界断裂的控制下,本区持续平稳地沉降。其中第四纪构造活动在时间、空间上表现出不均衡性,早更新世末与中更新世初期构造活动最为强烈,并伴有短暂的局部上升,加之受到北西向活动断裂的控制,在早期形成的凹陷和凸起内形成次级凸起和凹陷。断裂主要为北北东向、北东向及北西向,部分北东向和北西向断裂是近代地震活动的诱发断裂。

第二章　目标任务与技术路线

第一节　目标任务

根据工作区地质地貌特点确定京津冀山前冲洪积平原区 1 : 50000 填图方法总结目标任务是：按照《1 : 50000 区域地质调查技术要求（暂行）》《1 : 50000 覆盖区区域地质调查工作指南》等有关技术要求，以本次 1 : 50000 第四系覆盖区地质填图试点工作为基础，分析总结近年来区域周边已完成的第四纪地质调查工作中采用的先进技术方法，着重在第四纪地质地貌调查、第四纪地质结构调查、活动断裂调查、基岩地质调查、三维地质结构等方面提炼有效可行的技术方法组合，进而总结京津冀山前冲洪积平原区 1 : 50000 填图技术方法，创新成果表达方式，为今后在京津冀相同地质地貌区开展覆盖区地质调查提供参考。

（1）选择不同时相的航卫片遥感影像数据，运用先进的影像提取和增强手段充分解译第四纪地质地貌信息，并利用地表浅钻等揭露方式开展野外实地验证，对比分析不同遥感影像数据在地貌解译、地表沉积物分类、地表填图单位划分、第四纪断裂识别等方面的效果。在此基础上，优选适合本区采用的地质地貌调查技术方法（组合）。

（2）总结提炼适合本区的第四纪地层层序构建、多重地层划分对比以及沉积相、沉积环境、古气候的调查方法。

（3）总结适合本区活动断裂判别、精确定位、精确定时的方法和技术流程，并对技术方法的经济性、可行性进行初步评价。

（4）总结不同地球物理勘探和钻探方法在基岩地层和基底构造调查中的适用性，探索基岩地层划分对比和 1 : 50000 基岩地质图编制的技术方法。

（5）总结第四纪三维地质结构建模数据要求和工作流程，并对建立的模型进行精度分析。

（6）总结适合本区第四纪地质图、基岩地质图以及各类专题图件的成果表达方式。

（7）总结数据库建设工作方法以及各类专题调查方法。

第二节　技 术 路 线

一、基本原则

以现代地质科学理论为指导，在系统收集地质、矿产、地球物理、地球化学等各类资料的基础上，进行预研究和成果的二次开发与利用；以第四纪地表地质详细调查为基础，综合运用地质－地球物理－钻孔等多源数据；针对国家生态文明建设重大需求，以京津冀地区重要社会需求和重大基础地质问题为导向，充分利用现代信息技术、探测技术，以地表地质调查与现代探测技术相结合的方式，创新成果表达方式，全面服务于国家和地方能源与资源勘查和环境地质调查。

二、具体内容

（1）按任务书要求及 1：50000 区域地质调查有关规范和技术要求，在全面收集工作区各种地质、遥感、物化探、钻探资料基础上，充分利用遥感影像（ETM+、MSS、TM5、Landsat 8、ASTAR 等）及数字高程模型（DEM），提取和识别地形地貌和地质构造信息，确定主要地貌单元、合理的填图路线、关键地质点位置以及最优的野外填图工作量。

（2）通过地表详细地质调查，综合物探、化探、遥感和钻探等技术手段，查明第四纪松散沉积物的组成、成因、分布、时代及地层划分标志，建立工作区第四纪地质结构，分析第四纪地貌及岩相古地理特征、古河流变迁、古气候环境演变规律。

（3）综合利用地球物理勘探、地球化学勘探并结合钻探验证，查明工作区活动构造的空间展布规律、活动性及其时限等特征，调查其与地质灾害的关系。

（4）收集整理工作区内不同地球物理勘探和钻探成果资料，初步查明基岩地质特征，编制 1：50000 基岩地质图。

（5）调查总结工作区水文地质、工程地质、环境地质、灾害地质等地质背景，为京津冀协同发展进程中的重大工程建设、城市规划和生态环境保护等方面提供基础资料。

三、技术路线

现代地质填图必须遵守三个阶段推进的原则，即预研究与设计阶段、野外填图与施工阶段、综合研究与成果出版阶段。预研究与设计阶段包括：①各种地质研究、地质调查、地质勘探等资料及各种遥感等数字资料的收集与整理，并形成资料数据库；②野外踏勘及综合分析研究；③设计地质图编制。野外填图与施工阶段：主要包括野外地表地质调查，钻探、探槽等揭露工程、物探及化探等探测施工，形成野外地质图。综合研究与成果出版阶段：主要包括野外调查资料的进一步整理提升，各种室内测试分析，各阶段形成资料的综合整理研究，成果图件及成果报告的编制与出版，等等。

本指南根据试点项目总结的技术路线见图 2-1。

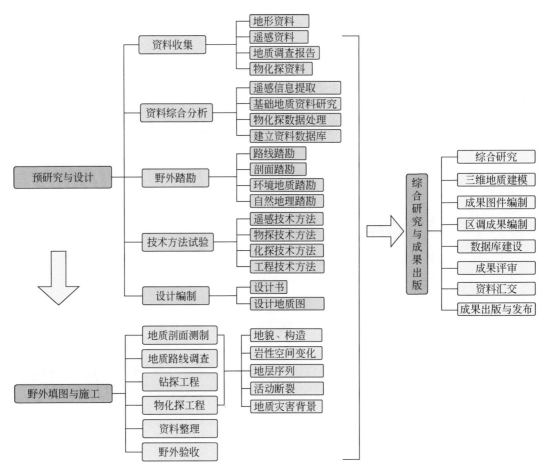

图 2-1　京津冀山前冲洪积平原第四纪地质调查技术路线图

四、精度要求

（一）第四纪地质调查

1. 地质路线与地质点

野外调查路线的线距和点距不做硬性规定，以能够有效控制地表填图单元为目的。根据不同地质内容，点线密度视具体情况可灵活掌握，地质观察点要布置在不同岩性岩相、不同成因或不同地貌类型分界线上，在岩性较为稳定、地貌相对单一地区，可增大线距和点距，在岩性变化大、地貌变化大的地区，可以适当加密点线密度。

填图地表地质路线调查以地质观测点及浅层钻探为基础,结合遥感解译路线,以控制不同地质单元的分布特征为基本要求。覆盖层厚度小于15m地区,浅层钻探揭露作为地质调查路线与地质调查点的有效地质点勘探手段;覆盖层厚度大于15m时,以地质 – 物探 – 钻探剖面作为控制地质调查路线。钻探深度应揭穿第四系或达到地下空间探测最小深度200m;覆盖层厚度大于200m地区,每个地质地貌单元都应有标准孔揭穿第四系。

2. 地质剖面

第四纪地质剖面包括实测地质剖面、地质 – 物探 – 钻探剖面、钻探地质剖面,不同的调查内容及目的要求与之匹配的地质剖面测制精度。覆盖层厚度小于15m的地区,主要采用槽型钻与浅钻钻探,结合地表沟堑、坑塘等天然露头,形成地质 – 钻探联合剖面,控制浅表层次松散沉积地层结构与分布;覆盖层厚度大于15m、小于200m的地区,主要实施地质 – 物探 – 钻探联合地质剖面。1个地质地貌单元一般应有贯穿全区的控制性地质 – 物探 – 钻探综合剖面,全面系统反映区域地质构造特征;覆盖层厚度大于200m、侧向延伸相对稳定的地段,每条剖面至少应有1个钻孔揭穿覆盖层到基岩。侧向延伸不稳定的地段需要在岩相变化的地段增加钻孔进行控制,验证物探解释结果。

第四纪地质剖面由于测制的地层厚度较薄,因此要求测制比例尺一般要大于1∶200。野外测制过程中对厚度大于10cm的岩性层均要详细记录其物质组成、沉积构造的特征,而其中出露厚度小于10cm但有重要意义的特殊标志层(钙质结核层、硬土层、古土壤层等)要夸大表示;测制第四纪连续断面剖面时,为了能将地质结构构造特征表示清楚,可将垂直比例尺适当放大,一般放大至水平比例尺的5 ~ 20倍为宜。

3. 填图单位划分

第四纪松散沉积物一般以岩石地层为基本填图单位,岩石地层单位根据岩性或岩石组合和地层结构特征综合确定。对于分布面积广、岩性稳定、具有区域对比意义的地层,划分至组一级正式填图单位;对具有特殊意义的地质体,可划分非正式填图单位填绘在地质图上。根据此次试点工作,本区浅表第四纪松散沉积物可以采用"时代 + 成因 + 沉积相"划分基本填图单位。其中地层时代依据地层古生物化石组合特征、测年数据、地层磁性的极性时与极性亚时划分对比综合确定。成因类型依据沉积标志、地貌标志和古气候与古环境标志综合确定。沉积相是根据沉积物的组分、结构、构造和生物组合来判断沉积环境和沉积作用过程的地层单元。

此外,有一定厚度和延伸的有特殊标志和物性的松散沉积体,如泥炭层、软土层、液化砂土、古文化层等都应在图上表示,厚度小于25m的,可放大表示。

（二）基岩地质调查

京津冀山前冲洪积平原区的基岩地质调查是在分析前人研究成果的基础上,综合基岩钻孔资料、物探重磁异常解译成果。按照"实测 + 推断"相结合的方法重新编制的综合性成果图件,成图比例尺一般要求达到1∶50000的精度。

地表基岩填图单位划分参照《1∶50000区域地质调查工作指南(试行)》执行。

隐伏基岩应在已有调查成果的基础上，结合邻近基岩裸露区的填图单位划分和主要服务对象的需求，提出沉积岩、火山岩、侵入岩和变质岩等填图单位初步划分方案，划分应以物探推断解释为依据，并进行工程揭露验证，隐伏基岩的填图单位划分精度一般低于地表。

（三）地质体标定

1. 地表地质体

地表地质体标定直径大于 200m 的闭合体和长度大于 500m 的线状地质体。出露狭窄或面积较小但具有重大地质意义的特殊地质体、矿化层、古文化遗址等均应放大到 2mm 标定，或者采用特殊符号标识。基岩残留露头不论大小都应标出，小露头夸大到 2mm 表示。

2. 地表下地质体

地表下地质体标定，松散沉积层一般应表达到组级地层单位，标准孔地层划分到段级地层单位及岩性层组，表达方式可采用柱状图辅助表达。特殊沉积夹层、文化层、矿化层、含水层、隔水层、软土层及其他不规则堆积体等特殊地质体采用非正式填图单位标定，厚度较小的可夸大表示。控制工程间地质体依据地质体的厚度和产状内插；工程控制边缘地质体依据地质体产状（即剖面）的自然延伸标定。

第三章 技 术 方 法

根据京津冀山前冲洪积平原区 1：50000 地质填图目标任务，可以将工作流程划分为资料收集与预研究、野外踏勘和技术方法试验及设计地质图、填图工作部署、野外调查、综合研究与成果编审等阶段，各阶段工作内容及相应的技术方法详述如下。

第一节 资料收集与预研究

一、资料收集

资料收集是整个地质填图工作的首要任务，而且贯穿于立项、设计、野外调查以及室内综合整理与总结的各个阶段，是后续填图工作的重要基础。按照不同性质和用途可以将其大致分为两大类，一类是原始资料，包括地质剖面原始记录表、钻孔记录表、不同比例尺地质填图实际材料图、物化探原始数据表、遥感数据、各类样品测试数据等资料；另外一类资料是成果性资料，包括工作区已经完成的 1：250000 地质矿产图、大中比例尺区域重力、航磁图件、最新 1：50000 地理底图以及水工环专题图件。

（一）地理底图资料

（1）用于调查区成果地质图编绘的地理底图应收集自然资源部出版的 1：50000 地形图或国家基础地理信息中心提供的 1：50000 矢量化地形图（数据）。野外工作手图采用符合精度要求的 1：25000（矢量化）地形图。

（2）调查区如没有比例尺 1：25000 的地形图，可按有关规定采用 1：50000 地形图放大编制成 1：25000（矢量化）地形图，并搜集补充有关高速公路 / 道路、城市建筑范围、居民地变化等基础设施的现势资料，并报请上级主管单位审批后作为野外工作底图使用。

（3）成果地理底图应按照《1：50000 地质图地理底图编绘规范》（DZ/T 0157—1995）进行编制。地理坐标系应采用 2000 国家大地坐标系，1985 国家高程基准。

（二）遥感数据资料

遥感影像可以从宏观尺度上提供地形地貌的信息，因此被广泛应用于平原区第四纪地质调查。但是在收集遥感数据资料之前，需要系统地了解适用于京津冀山前冲洪积平原区地貌（微地貌）和松散沉积物类型划分的遥感数据波谱区间、空间分辨率、时间分辨率等技术参数，例如拍摄于 20 世纪 60 年代的航片数据资料具有立体视域好、原始地形地貌信息完整等特点，尤其值得重点收集和二次处理。另外还要收集空间分辨率优于 5m 的多光谱遥感数据，区间一般在可见光至短波红外波段，植被发育地段以雷达数据为补充。此外数据收集前应检查数据的质量，云、雾分布面积一般应小于图面的 5%，图斑、噪声、坏带等应尽量少。

收集的各类遥感数据经过预处理、几何纠正、图像增强、数字镶嵌等过程，制作成遥感影像图，作为野外数据采集的参考图层。具体方法按照《遥感影像地图制作规范（1 : 50000、1 : 250000）》（DD 2011—01）执行。

（三）区域地质资料

调查区已经完成的不同比例尺区域地质调查、水文地质调查以及石油地质调查、地震地质等各类专项地质调查资料是开展平原区地质调查最重要、最系统的基础资料，对上述资料既要重视成果资料的收集，还要更加注重地质路线、地质剖面记录、样品等各类原始资料的收集和再利用。通过对上述资料的收集及初步整理，可以为下一步预研究及设计编写奠定基础。

（四）水工环资料

水文地质、工程地质及环境地质资料和成果的收集，可以为调查区第四纪多重地层划分对比、三维地质结构的建立、基岩地质构造研究、环境地质调查等工作提供基础资料支撑。

（五）地球物理资料

地球物理勘探是一种通过各种地球物理场信号来推断地表之下一定深度范围内地质体以及地质构造分布特征的技术手段，是平原区地质结构调查最重要的手段之一。平原区地质调查收集的地球物理资料一般应包括各种中大比例尺的重力、电测深、航磁、井中物探等资料以及调查区和区域上不同岩性的物性参数等资料。

（六）地球化学资料

不同于传统区域地质调查过程中地球化学资料主体服务地质找矿的功能定位，平原区地球化学勘探资料的收集是通过利用已经完成的 1 : 250000、1 : 200000 和 1 : 50000 区域地球化学调查以及多目标地球化学调查成果，来初步查明调查区环境地球化学背景及异常成因，进而为生态文明建设服务。除此之外，还可以大致通过收集地球化学常量元素、微量元素分布规律来推测第四系沉积物形成的沉积环境。

（七）钻探资料

钻探是京津冀山前冲洪积平原区开展第四纪地质、基岩地质、水文地质、工程地质和环境地质调查的最直接手段，因此需要全面收集工作区内及周边水文地质钻孔、工程地质钻孔、石油地质钻孔等资料，包括钻孔的原始编录、岩心照片、综合测井数据以及碳14、光释光、古地磁、孢粉等测试数据，为后续第四纪地层划分、基岩地质图编制提供最直接的依据。

二、预研究

（一）资料整理

该阶段需要对前期收集到的地理底图、遥感数据、区域地质矿产资料、地球物理、地球化学和钻探等各类资料以及原始数据进行整理分类，按照工作目标任务的不同初步分析资料的可利用程度，为下一步的资料深入研读及二次开发利用提供参考。

（二）资料分析利用

（1）以收集到的 1 : 50000 和 1 : 25000 矢量化地形图（数据）为基础，通过地形校正、投影变换等系统数据处理后形成野外工作手图以及 1 : 50000 设计地质图的地理底图。

（2）将收集到的各类遥感数据经过图像校正处理后作为底图，结合前人的区域地质矿产资料，通过遥感解译对平原区地貌（微地貌）进行划分，识别地质构造，对第四纪沉积物的不同类型进行划分，编制 1 : 50000 遥感地质解译图，指导野外踏勘和设计编写。

（3）综合分析各种比例尺区域地质调查、矿产地质调查资料，初步归纳调查区地层划分方案、构造分布特征、矿产分布规律及其他地质问题，进一步编制 1 : 50000 设计地质图和调查区工作程度图。

（4）对收集到的不同比例尺的航磁、重力等数据进行网格化，并进行化极、化极一阶导数、上延等二次数据处理，对原始数据及得到的处理数据再进行详细描述及分析。编制区域航磁异常图、区域航磁化极异常图、航磁异常图、航磁化极异常图、剩余重力异常图等图件，进一步圈定局部地球物理异常范围。进而综合重磁异常特征来推断断裂构造、拗陷、隆起等隐伏地质构造，绘制不同类型的地球物理解释图。

（5）通过统计分析调查区内主要地质体常量元素、微量元素等地球化学组分特征，初步归纳区域构造地球化学特征，着重分析平原区第四纪松散沉积物分布、组成、沉积环境、空间变化等特征与地球化学分布的对应关系，初步总结调查区地球化学背景。

（6）对收集的各类钻探资料进行系统的分类和整理后，主要用于划分调查区第四纪填图单元，即根据地质钻探揭露第四纪地层的不同沉积物岩性、岩相及成因等特征，进行第四纪岩石地层划分。并且应突出沉积相、成因类型和特殊沉积层的划分标志等特征。另外，还应着重通过收集的水文地质钻探、第四纪地质钻探资料，初步查明第四纪沉积物地层层序、结构构造、第四纪不同界面起伏等特征，为后续地质钻探工作部署提供重要参考。

第二节　野外踏勘和技术方法试验及设计地质图

一、野外踏勘

（一）野外踏勘的目的

野外踏勘作为平原区第四纪地质调查的初始工作阶段，是对调查区地质构造和施工条件等进行实地概略调查和了解，从而有目的、有针对性地部署下一步的野外地质调查工作，主要目的是为确定填图单元、编制工作部署图和选取驻地等工作提供依据。因此，在整个区域地质调查过程中尤为重要。此外还需要验证前人资料的可利用程度以及填图技术的效果。

（二）野外踏勘的内容和要求

野外踏勘阶段的工作内容一般包括完成贯穿全区的踏勘路线、测制代表性地质剖面、大致了解主要的环境地质问题等工作。在此基础上初步建立填图单位，完成图幅 PRB 字典库的编制。此外还要全面了解调查区人文、地理、气候、交通等外部环境条件以及物资供应、安全保障条件等。

1. 野外踏勘内容

（1）通过野外踏勘要初步了解调查区第四系松散堆积物的厚度、沉积物组成、成因类型、划分标志等内容，初步确立填图单位。

（2）对典型地质剖面进行重点观测，采集岩石薄片、化石等重要样品送测，初步建立调查区地层层序。

（3）通过踏勘大致了解调查区地裂缝、砂土液化、地面塌陷等环境地质问题现状及未来的发展趋势。

（4）全面踏勘了解调查区的地理、交通、气候和人文等野外调查环境条件，为后续野外调查工作部署提供参考。

2. 野外踏勘要求

（1）野外踏勘路线的布设一般要求尽可能垂直调查区地质（地貌）体的长轴方向，同时也应考虑踏勘路线在正式填图时的再次可利用性。

（2）一般要求每个填图单位要有 1 ～ 2 条踏勘路线进行控制，而且踏勘路线要尽可能贯穿全区多数的填图单位和地貌单元。

（3）野外踏勘时，项目组的主要技术骨干应尽可能地全程参加，以达到统一地质认识的目的。此外踏勘路线的记录要认真、翔实、客观。

二、技术方法实验

技术方法实验包括预先测试地质填图过程中可能要使用的地球物理勘测、地球化学勘测、遥感解译、地质调查等方法手段，进而选择能够有效识别不同地质体或地质要素的技术方法及组合。一般包括不同时相、不同分辨率的遥感数据解译验证对比，各种重力、磁法、电法、地震等地球物理勘探手段的有效性及抗干扰能力对比，反演效果对比试验以及不同布设方式的野外调查路线对地质体控制效果等方法实验。此外，在京津冀冲洪积平原区填图还应进行地表浅钻钻探试验，以选择经济便捷的钻具及钻探工艺，筛选行之有效兼顾经济性的技术方法及组合。

三、设计地质图

在完成调查区地质、矿产、水文、工程、遥感等各类资料收集及预研究的基础上，综合遥感解译和野外踏勘形成的初步成果，进而确立填图单位和主要构造类型，编制调查区的设计地质图。由于前期对收集的各类地质资料进行了较为详细的预研究以及系统的野外踏勘，所以设计地质图应该按照成果地质图的要求进行编制，包括填图单位、产状、典型地质特征等各类地质要素，并且力求完善，以此发挥其在整个地质填图过程中的指导作用。

第三节　填图工作部署

工作部署是地质填图设计阶段的最后落脚点，是指导下一步野外地质填图的工作指南，它不仅包括对工作轻重主次的部署，还反映在填图手段的选取以及实施进度的计划和安排。

一、部署原则

京津冀山前冲洪积平原区工作部署首先要以国家和地区重大地学需求、生态文明建设为导向，对重要经济区带的第四系覆盖区要侧重安排针对性工作量，以达到解决重大基础地质问题和满足社会需求的目的。根据京津冀山前冲洪积平原区地质填图的目标任务，在具体工作部署中应遵循以下三个原则。

1. 以需求为导向

以京津冀山前冲洪积平原区经济发展中的地学需求为工作部署的最主要依据，结合调查区内拟解决的重大基础地质问题，有针对性合理地部署工作，有利于填图地质成果的进一步推广应用。

2. 由浅及深、从易到难

根据京津冀山前冲洪积平原区的地质地貌特点，主要围绕浅表第四纪地质地貌、第四纪地质结构、活动断裂调查等核心任务开展工作。具体工作安排上遵循"由浅及深"原则，即由浅地表地质地貌调查延伸到地下一定深度范围内第四纪地质结构调查；采用的填图技术方法（组合）也应按照从单一方法试验到复杂的技术方法组合的"从易到难"的流程，从而循序渐进总结经验。

3. 合理使用工作量

按照京津冀山前冲洪积平原区地质填图目标任务，依据工作重要性的不同和前人工作程度，合理匹配工作量，避免平均使用工作量。另外还要做到统筹兼顾工作内容的多方面属性，充分发挥某一具体实物工作的最大效率，尽可能提高其利用率，比如钻孔布设要尽可能做到"一孔多用"。使工作部署更具针对性，确保科学有效地使用填图技术方法。

二、分区部署

根据任务书对地质填图目标的具体要求，首先以地层沉积分区为基础，结合调查区工作程度、遥感可解译程度、地质地貌复杂程度等因素，可将调查区划分为重点工作区和一般工作区，二者虽有区别但又互为补充，保证地质填图工作突出重点，兼顾全面。

1. 重点工作区

调查区的重点工作区一般布置于关键地质问题显著、重大需求突出的区域。京津冀山前冲洪积平原区的重点工作区可分为地表和地下两个层次，首先地表地质调查应着重部署于第四纪地质地貌复杂、活动构造发育以及重点工程建设的规划地带；地表之下的一定深度第四纪地质调查也要分清主次、重点突出，即要充分考虑调查成果对生态文明建设、城市规划和国家重大工程建设的需要，以 3m 以浅目标层、100m 以浅目标层以及第四系目标层为重点调查区。其中 3m 以浅目标层调查主要服务于绿色农业、生态环境、海绵城市等生态文明建设；100m 以浅目标层调查则以服务京津冀协同发展规划中的重大工程建设为目标，加强持力层、软土层、活动断裂、含水层以及地壳稳定性等方面调查；第四系目标层要重点围绕第四纪地层层序、三维地质结构以及第四纪古地理演化等关键地质问题开展调查。

2. 一般工作区

一般工作区是指除重点工作区之外的填图区域，多部署于第四纪地质构造和地貌相对简单、遥感可解译程度高的地区。此外还包括基础资料丰富、研究程度相对较高的地区。上述区域往往通过补充必要野外地质路线、剖面、控制钻孔等工作，达到提高工作区整体研究程度的目的。

三、分年度推进

按照任务书要求结合京津冀山前冲洪积平原区自然地理及气候条件，本区的地质调查工作一般分为三个年度安排。每个工作年度的工作内容及要求如下。

第一年首先全面系统收集调查区及区域上的基础地质矿产、水工环、地球物理、地球化学等资料，并进行系统分类整理和预研究；其次在对调查区进行遥感地质解译的基础上，开展野外踏勘，编制项目的总体设计书和设计地质图。以总体设计书为指导，在一般工作区内采取"边填图边总结经验"的方式开展野外地质调查；在此基础上，施工第四纪基准孔，系统研究第四纪地层划分、气候变化、古地理演化等特征，指导下一步调查工作，最终提交年度工作总结。

第二年在总结第一年工作经验的基础上编制本年度工作方案，全面指导开展区内第四纪地质调查工作。并针对重点地质问题，采用有效的地、物、化、遥技术手段（组合）进行调查，建立第四纪地层层序和地层格架，开展多重地层划分，查明主要活动断裂构造的特征，编制年度工作总结。

第三年为项目开展的最后一个年度，主体任务是完成剩余的填图任务，系统整理野外实际资料，完成野外验收。转入室内分析各类实验数据进行综合研究，着重对第四纪地质结构、活动断裂等方面进行总结提升。同时完成项目数据库建设，提交最终成果报告，完成项目成果验收，并做好后续资料归档工作。

四、工作部署图

工作部署图要以设计地质图为底图，按照工作部署思路及进度安排来编制。一般要包括以下几个方面内容。

（1）年度填图工作分区的划分。

（2）重点工作区和一般工作区的设置及各自工作内容。

（3）按照工作分区的不同特点，匹配合理的填图路线、地质观测点、地质剖面、地球物理、钻探等实物工作量。

（4）工作部署图中钻孔分类的协调部署，以及与物探剖面尽可能重叠布设等内容。

（5）工作驻地的选取以及填图试验区的部署等其他内容。

第四节　野外调查

一、浅表第四纪地质地貌调查

（一）调查内容及要求

浅表第四纪地质地貌调查要充分利用"3S"技术并结合野外实地调查，其中地貌调查内容为查明各种地貌的几何形态、组合特征及分布规律，合理划分地貌单元类型，研究地貌与地表沉积物的成生关系；第四纪地表沉积物调查包括沉积物岩性岩相、形成时代、成因类型、分布特征以及与地貌的关系等内容，在此基础上合理划分地表填图单位。

浅表第四纪地质地貌调查方式可以分为路线地质调查和地质剖面测量两种，前者一般系统调查地貌及地表各种沉积物的分布特征、空间叠覆关系等宏观特征，后者则是精细研究沉积物的形成时代、成因类型和沉积环境的主要手段。

（二）填图单位划分

本区浅表第四纪地质填图单位可以通过岩石地层、年代地层、成因类型和沉积相共四种方法进行划分，其中前三种划分方法较为成熟，不再赘述。下面着重论述一下沉积相划分法。

沉积相划分法是近年来广泛应用于京津冀平原区的地表第四纪填图单位划分的方法之一。与传统划分方法相比，它以地表第四纪沉积充填过程为主线，通过划分不同沉积环境下的松散堆积物组合，来建立冲洪积平原区地表填图单位，有效弥补了传统地表第四纪地质单位划分方法的单调、粗略等不足。其划分方法详述如下。

1. 野外资料收集

通过野外系统测制地层剖面和沉积相剖面，对第四纪松散堆积物的物质组分、结构、构造、产状、接触关系、成因标志及古流相等野外资料进行收集，查明在时间和空间上的分布和演化特点。

2. 室内沉积相分析

利用薄片鉴定、粒度分析、重矿物分析、扫描电镜分析等室内试验研究方法，分析沉积物特征，综合野外成因标志进行沉积相划分。

（三）技术方法有效组合选择

地貌是岩石圈表层的最直接形态表现，是地表所有自然要素中最直观的一个要素，因此地貌调查对于研究第四纪环境演化及人类活动历史具有重要价值。京津冀山前冲洪积平原区近山前地带为山前洪积台地地貌区，形成洪积扇、扇上河道和扇前洼地等微地貌单元；中部逐渐过渡为冲洪积平原区，河网密布、频繁改道，形成典型的河流地貌区，发育河床、边滩、天然堤、决口扇、泛滥平原和牛轭湖等微地貌单元。根据浅表第四纪地质地貌发育特征，地貌调查采用遥感解译法、DEM 地形地貌调查法和文献调查法等；浅表第四纪调查则需要采用路线地质调查和剖面测量。

1. 遥感解译

与其他方法相比，遥感解译法具有视野广阔、速度快、费用低等优点，通过遥感解译可以对基本地貌单元进行划分，研究区域地貌类型分布特征，以此支撑后续的浅表第四纪地质地貌调查，其技术流程一般分为数据源选择、数据处理、初步解译、野外实地验证、详细解译和地貌图编绘六个部分，各自技术方法如下（图 3-1）。

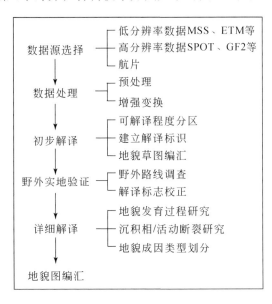

图 3-1 地貌遥感解译流程及方法组合图

1）数据源选择

遥感解译效果优劣的关键是数据源的选择，要求从本区地质地貌特点出发，为了能更加客观地反映地貌的成因和形态特征，需要选择多种遥感数据源，包括低分辨率 Landsat 系列数字图像 MSS、ETM、TM 和 OLI；并且辅以高分辨率的 SPOT、WorldView 和 GF2 等影像数据。值得重视的是，在本区利用航空像片进行地貌解译可取得很好的效果。

2）数据处理

遥感数据处理主要是在 ArcGIS 软件环境中，借助于 ENVI 和 ERDAS 软件对原始数据进行几何校正、图像融合以及图像增强变换处理，具体方法如下：

（1）预处理。首先对原始影像进行几何校正，形成基础分类影像。在对原始影像进行几何校正时，运用多项式变换模型及双线性内插的重采样方法来计算。然后对图像进行镶嵌并根据已有的地理坐标范围进行裁剪。

（2）增强变换处理。采用增强变换处理方法提取色调信息，可以扩大不同地貌单元的灰度差别，突出目标信息和改善图像的效果，从而提高解译标志的判别能力。常用的有反差扩展、去相关拉伸、彩色融合、变换增强等遥感图像增强方法。

3）初步解译

（1）可解译程度分区。首先要在充分分析调查区地质情况、卫星图像特征、遥感数据结构的基础上，大致了解调查区地物解译标志，按照好、中、差的评判标准对遥感数据的可解译程度进行分区，并制作遥感解译程度分区图。

（2）建立解译标志。遥感影像解译标志指那些带有规律性、普遍性、能帮助辨认地物属性的影像标志，包括形状、大小、色调与色彩、阴影、纹形图案、水系等。建立影像标志，需要根据前人工作成果确定调查区地貌单元的分布形态、成因类别等标志，并在运用中不断检验和补充这些标志的具体内涵，以此确定解译效果的好坏。

（3）编绘遥感解译地貌草图。在确立调查区各类地貌单元解译标志基础上，以设计地质图为底图，进一步细化完善相应地貌单元的解译标志并对全区进行遥感解译，编制遥感解译草图，从而指导后续野外填图工作。

4）野外实地验证

指通过野外路线地质调查对解译标志进行现场的检查验证，对解译图件进行分析对比，以提高前期解译成果的可信度。野外实地验证方法和基本要求如下。

（1）验证路线布设。野外实地验证在遥感解译草图基础上进行，结合地质图、地形图、野外工作手图等相关图件，依据解译标志的区域稳定性和连续性，合理部署野外地质调查路线。调查路线应当主要沿河流和垄岗坡地布置，并利用水渠、河流、公路等人工剖面进行重点观察，对地貌较复杂的地方，路线观察点可适当加密。布设方式以穿越路线为主，并辅助少量的追索路线，比如对河谷、河漫滩等呈条带状分布的河流（微）地貌采用穿越方式，而对决口扇、扇前洼地等呈椭圆状、不规则状的地貌单元则采用少量追索路线进行控制。除此之外，还应布设一定数量的地貌剖面来系统研究不同构造位置的地貌形态特征，如在同一条河流的上游、中游和下游布设地貌剖面来系统研究河流地貌演化，比例尺以 1 ： 5000 为宜。

（2）精度要求。建立的影像单元均要通过野外地质观测路线来控制，对影像标志清晰、延伸稳定的地貌单元安排 1 条控制路线；对植被覆盖多，影像单元特征不清楚，可解性差的地貌单元则需要安排 2 条以上路线进行控制。

（3）记录内容。通过野外路线调查，对遥感解译出的重要地貌界线以及不同地貌单元等进行实地查证，包括实地测量地貌单位大小、形状、分布范围，绘制素描图并拍照，记录其相应的空间地理信息，填写遥感野外调查记录表。

（4）地貌界线勾绘。野外填图中地形图要随时与遥感卫片结合使用，以便正确勾绘地貌界线，野外地质观测定点的同时，做好卫片影像特征描述记录。通过反复多次地进行室内遥感解译到野外验证的过程，达到解译结果与验证结果基本吻合，解译精度和质量符合项目要求。

5）详细解译

在野外实地验证和现场地面调绘的基础上，要进一步对遥感图像进行全面的详细解译，具体方法和流程如下。

（1）地貌发育分析。将各种地貌现象及类型联系起来，深入分析其发育过程和趋势。除此之外，还可以利用对比的方法分析不同时期航片、卫片图像来直接判断地貌发育的动态趋势。

（2）地貌推断。以初步解译出的地貌标志为参考，由表入里，由此及彼，根据其他地貌线索来推断可能存在的类似地貌。

（3）构造分析。在地貌详细调查的基础上，开展第四纪沉积特征、新构造运动等问题的深入研究，辅助第四纪沉积相划分及活动断裂调查等工作。

（4）地貌成因划分。指根据工作区内地貌的形态和成因标志等特征，划分各地貌单元的成因类型。

6）地貌图编绘

选择地形图或者航空像片作为底图，将最基本的地貌单元经遥感初步解译勾绘出来，通过野外实地验证和详细解译把不同级别的各类地貌单元用不同线型在图上勾绘出来，最后按分布位置把微地貌单元用象形图例表示出来，完成地貌图编绘。

2. 数字高程模型（DEM）

数字高程模型简称 DEM，它是地形地貌的数字表达和模拟。与传统的以地形图进行地貌研究相比，DEM 为地貌研究提供了高效、快速的技术支持，在地貌信息可视化表达及地貌综合分析研究方面，发挥着举足轻重的作用。DEM 的技术流程包括基础数据源收集、建立地貌分类系统、数据处理、模型建立及 DEM 地貌分析，分别叙述如下。

1）基础数据源收集

DEM 基础数据资料主要包括各种遥感数据源及其不同等高距的地形图等基本信息源。

2）建立地貌分类系统

地貌分类是地貌制图的基础，是地貌制图学研究的重要问题之一。在进行 DEM 数据处理之前，一定要根据调查区第四纪地质条件及区域构造背景建立地貌分类标准，为地貌划分提供理论支撑。

3）数据处理

首先将地形图在 ENVI 中逐个进行几何纠正，然后在 R2V 中进行数字化处理，利用 ArcGIS 软件将多个分块等高线图镶嵌为一幅完整的等高线图像，最终经过处理生成 DEM。同时需要把影像在 ERDAS 软件下进行几何校正、图像融合等预处理，提高影像分辨率。

4）模型建立

采用 ArcGIS 3D Analyst 的表面表示等方法建立三维模型，即从等高线图层中创建 DEM，确定最佳分辨率后，再选择构建 DEM 的方式。DEM 有各种表示形式，其中包括规则网格 DEM 和不规则三角网 DEM。

5）DEM 地貌分析

DEM 是地貌解译有力的辅助工具，它利用栅格形式表达数字模型，核心思想就是根据海拔和相对起伏度来快速高效地确定地貌形态的类型。根据建立的 DEM 模型可以对区域地貌、正负地形分布、水系信息、地势的高低起伏等地貌特征进行分析。

3. 文献调查

开展第四纪地质调查，尤其是全新世以来的地质地貌调查，要重视史料记载的地形地貌信息，特别是地方史志传、地理志等文献，将对第四纪地质调查的河流水系、古地貌及古人类遗址等调查起到事半功倍的作用。如北魏郦道元的《水经注》、北宋沈括的《梦溪笔谈》等著作，清晰地记录了有文字以来著名名山大河的沧海桑田变迁，为系统调查河流变迁提供了重要参考。现将适合本区的文献调查方法列述如下。

1）地名调查

古人建村多依山傍水，由此聚集而成的村名多带有山川、河流及地势等地质地貌信息，也因此古地名多成为地貌调查的重要线索。基于此，可以对古地名中蕴含的地貌信息针对性提取，恢复特定地质历史时期的古地貌。同时亦能为第四纪沉积环境的研究提供依据。地名中包含的地貌信息总结如下。

（1）河流地貌。滨河地带的古村落的聚集以及命名多反映出河流地貌信息，如村落四面被河流环绕而取名"泗河"（图 3-2a），村落位于河套中而取名"套里"（潮白河河套），村子处于河流决口扇上命名"西口头"（决口扇）等，可以根据这些古村名并结合野外调查来确定河流地貌特征。

（2）高地台地。古人为了更好地防止水患对家园的侵扰，一般将村子建于高地或台地之上。古地名也有相应的地貌信息，如建于平原岗地之上的"北岗子""土堡子""大高坨"等，可以通过此类地貌信息来圈定平原高地。

图 3-2 地名与地貌特征示意图

a. 泗河村与河流地貌；b. 大墓圪垯人工地貌

（3）洼淀。以"洼子""野汪庄""商汪甸"等命名的古村落多处于洼地和湖淀的位置，可据此圈定河间洼地、岸后沼泽等地貌。

（4）人工地貌。人类对大自然的改造，保留了诸如"埝头""西渠头""渠口"等打上人工地貌烙印的地名信息，这些地名能够辅助地貌调查。

2）古遗址调查

由于古人类聚落废墟、古墓堆砌、大型建筑而形成的古遗址等地貌信息也可以通过历史文献获取，这些古遗址的考古年代不仅可以为全新世以来的地质演化提供重要的时代标定作用，同时也能给调查区的地貌形成与演化提供背景资料。比如刘白塔古人类遗址、大墓圪垯等遗址（图3-2b）。

4. 路线地质调查

1）野外路线布置

首先需要根据前人区域地质资料和初步遥感解译地质图确定沉积物的大体产状，野外路线采用穿越法为主、追索法为辅，尽可能垂直地质地貌界线布设，系统观测地表第四纪填图单元特征及沿线地貌特征，而对于圆状、椭圆状的填图单元（如决口扇、牛轭湖等）则辅以少量追索路线进行观测。

2）野外观测及记录内容

（1）野外观测。第四系覆盖区由于天然露头较少，一般多利用地表的坑塘、陡坎等进行重点观测记录。对于没有合适人工断面的地段则要施工一定数量的地表浅钻系统观测。本区常用到的是槽型取样钻，该技术是目前国内外进行地表松散层3m以浅第四纪地质路线调查所普遍采用的，取样深度受沉积物物质成分和含水量影响，使用槽型取样钻在第四纪松散沉积物钻进可以保证土心基本不扰动，以此可以对每个钻孔进行详细观测、编录、取样。特别是在地势平坦的华北平原区，应用槽型取样钻填图可以大大提高平原区第四系覆盖区地质调查的精度，并且有利于全面收集浅表松散沉积物组成、潜水含水层、新构造活动、地质灾害及矿产资源等详细信息。与以往采用麻花钻或露头观察的方法比较，调查的精度得到了很大提高；与传统的填图方法相比，省时省力、经济实用。采用槽型钻进行路线填图时，地质路线安排采用穿越法为主、追索法为辅，尽可能多地控制不同的地貌、地质单元。

使用槽形取样钻时首先用把手将钻头装好，然后再装上加压器用力向下压或用专用锤向下敲击，使钻头垂直向下钻进到既定目标层位（图3-3）。对于较软的地层单人用双手向下压便可正常钻进，而遇到较密实的层位则需两人同时向下压或用专用锤向下打。钻进完成后向上提杆时应先向一个方向旋转钻杆，待钻杆松动后再向上提升，抽出钻杆横放在地上并使钻头槽口向上，用取样铲将样品外表污泥刮除，然后用取样铲将样品从钻头槽内取出。将取出的样按顺序摆放在一块塑料板上（如不即时取样也可放在岩心箱内），为便于编录，可以在板上按每10cm一标定，并注意摆放方向和次序（图3-4），依次对样品进行编录、照相、取样。最后要注意每次完成钻进取样应及时冲洗钻具，避免下一次使用时污染样品。

图 3-3　野外槽型钻地表 0～3m 岩性调查施工

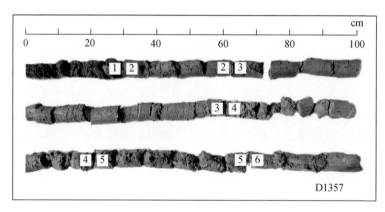

图 3-4　槽型钻岩心特征

（2）观测记录。野外地质调查对第四纪松散沉积物的描述内容主要包括以下几点，其中松散沉积物野外定名参照标准见表 3-1：

砂土描述名称、颜色、成分、颗粒级配、密实度、胶结程度、黏性土含量、包含物、湿度及其他特征；

粉土描述名称、颜色、颗粒级配、包含物、湿度、密实度、接触关系及层理特征等；

黏性土描述名称、颜色、湿度、状态、包含物、土的结构等；

特殊土除应描述上述规定的内容外，还应描述其特殊成分和特殊性质，如对淤泥还应描述嗅味，对填土还应描述物质成分、堆积年代、密实度和均匀性等；

对具有互层、夹层、夹薄层特征的土，还应描述各层的厚度和层理特征。

表 3-1 第四纪松散沉积物定名标准

序号	粒级名称		定义	鉴别方法
1	碎石土	巨砾	粒径大于 1m 的颗粒超过全重的 50%	
2		粗砾	粒径大于 10cm 的颗粒超过全重的 50%	
3		中砾	粒径大于 10mm 的颗粒超过全重的 50%	
4		细砾	粒径大于 1mm 的颗粒超过全重的 50%	
5	砂土	粗砂	粒径大于 0.5mm 的颗粒超过全重的 50%	颗粒完全分散，仅个别有胶结，湿润时手拍无变化，无黏着感
6		中砂	粒径大于 0.25mm 的颗粒超过全重的 50%	颗粒接近菠菜籽大小，基本分散，局部胶结（一碰即散），湿润时手拍偶有手印，无黏着感
7		细砂	粒径大于 0.1mm 的颗粒超过全重的 50%	颗粒大小接近粗玉米粉，大部分分散，部分胶结（稍加碰撞即散），湿润时手拍有手印，偶有轻微黏着感
8	粉土	粉砂	粒径 0.1～0.05mm 的颗粒超过全重的 50%，塑性指数 $I_p \leqslant 10$	颗粒大小较精制食盐粒稍细，大部分分散，部分胶结（稍加碰撞即散），湿润时手拍有手印，偶有轻微黏着感
9		黏土质粉砂	粒径 0.05～0.01mm 的颗粒超过全重的 50%，塑性指数 $I_p \leqslant 10$	切面较粗糙，砂感强，结构松散土块完整性差，干后无裂隙，手压易碎
10	黏性土	粉砂质黏土	粒径小于 0.01mm 的颗粒超过全重的 50%，塑性指数 $10 < I_p \leqslant 17$	湿土能搓成球体或 3mm 细条，透水性极弱，刀切面有些粗糙，手压不易碎，少量砂感
11		黏土	粒径小于 0.01mm 的颗粒超过全重的 50%，塑性指数 $I_p \geqslant 17$	切面非常光滑，湿土用手捻搓有滑腻感，水分较大时极易黏手，能搓成直径小于 0.5mm 的土条，手持一端不易断裂，干土坚硬，用力锤击方可碎，不易击成粉末

另外地质观察点上除了重点记录松散沉积物岩性等内容之外，还应对附近及沿途地貌、环境、植被等特征进行整体性描述记录。地貌记录应该加强地形、地貌类型、组合方式等信息的收集；环境记录包括水体污染、垃圾堆放、建筑物分布等内容；植被描述方面则需要着重记录植被种类、分布特征等内容。

3）野外数据采集

第四纪野外数字填图中用到的仪器设备主要有手持 GPS 和数字填图掌上机等设备，其中数字填图掌上机是近年来中国地质调查局开发的基于安卓系统的便携式移动填图设备，对比基于 Windows 的传统掌上电脑，数字填图掌上机具有内存大、运行速度快等优点，提高了野外工作效率。在进行野外数据采集工作之前，需要运用安装在笔记本电脑上的数字区域地质填图系统设计野外填图路线，并将路线信息导入用于野外数据采集的掌上机，在填图路线完成及野外数据采集过程结束后，将掌上机采集的野外数据导入笔记本电脑的数字区域地质填图系统，可进行野外数据综合整理，并录入野外填图数据库（野外手图库、PRB 幅库）。

5. 地质剖面测量

1）测制方法

第四纪地质剖面测量主要用于对浅表松散沉积物进行形成时代、成因、沉积相精细研究，进而确定基本填图单元，建立不同填图单元的沉积层序。调查区每个填图单元要求至少有一个代表性剖面进行控制。京津冀山前冲洪积平原区松散层沉积厚度大，地表第四纪地层出露一般不齐全，因此剖面的位置一般选择在地表自然陡坎（河沟、洼地）和人工陡坎（取土坑、窑坑、养鱼池）等部位。具体测制方法如下。

（1）剖面位置尽量选取在垂直于岩层倾向，地层顶面和底面齐全，层序完整，厚度最大且受人类活动影响较小的地段。

（2）根据调查的精度要求确定剖面的测制比例尺，第四纪地层厚度较薄，因此要求测制比例尺一般大于 1∶200。野外测制过程中对厚度大于 10cm 的岩性层均要详细记录其物质组成、沉积构造的特征，而其中出露厚度小于 10cm 但有重要意义的特殊标志层（钙质结核层、泥炭层、古土壤层等）要夸大表示。当测制第四纪连续断面剖面时，为了能将地质结构构造特征表示清楚，可将垂直比例尺适当放大，一般放大至水平比例尺的 5～20 倍为宜。

2）剖面分类

第四纪地质剖面按测制方式的不同可以分为垂向剖面和横向–垂向联合剖面，其各自测制方法及记录要求分述如下。

（1）垂向剖面。垂向剖面一般选取在第四系垂向层序发育典型、露头良好的部位，自下而上分层测量，逐层详细描述剖面上各层的岩性、厚度、沉积物结构、构造、特殊标志层等内容，并在剖面上系统采集孢子和花粉（孢粉）、粒度、^{14}C、光释光样品，同时对剖面上出露的典型沉积构造等特征拍照记录，为后续重点研究第四纪的沉积物组成、气候环境、形成时代等基础地质问题收集野外一手资料（图 3-5）。

图 3-5　地表露头垂向剖面测量

a. 地表垂向剖面测量照片；b. 垂向剖面图及典型沉积特征

（2）横向－垂向联合剖面。第四纪实测地质剖面不仅要观察沉积物垂向层序特征，还需要系统研究其侧向展布及沉积物来源等地质问题，因此参考矿产勘探中的探槽工程编录方法，在地表沿沉积物展布方向连续布设基线，并在基线上自下而上测制垂向剖面，而地质体侧向延伸通过横向剖面同时测制，垂向剖面的间距根据地质体实际延伸规模而定。上述在两个方位上同时测制的第四纪地质剖面即是横向－垂向联合剖面（图3-6）。

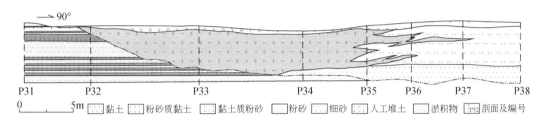

图3-6 天津市蓟州区二郎庄取土坑北壁第四纪地层横向－垂向联合剖面

二、第四纪标准孔调查

（一）调查内容及要求

第四纪标准孔调查以岩石地层调查为基础，建立地层划分标志，查明其空间变化特征，进行年代地层、生物地层、气候地层、磁性地层、事件地层等多重地层划分对比研究，建立第四纪地层层序；以标准孔系统研究为核心，建立调查区钻孔剖面测网体系，开展第四纪沉积相和沉积环境调查，查明沉积物组合、厚度、韵律、沉积构造、古流向等特征，利用电测深、综合物探测井等资料辅助沉积环境分析，综合古生物、古气候等资料，恢复各时期的沉积环境，分析其变化规律和演变趋势，编制不同时期的岩相古地理图件。

（二）技术方法

1. 钻探施工与样品采集

1）钻孔布设

第四纪钻孔根据调查内容和目的不同可以分为标准孔和控制孔，其中标准孔用来研究第四纪地层沉积特征及环境演化，而控制孔则用于控制第四纪地层、沉积相、活动断裂等重要界线以及对比标准孔的关键层位进而约束物探反演界面。钻孔布设首先要在收集、整理、分析水文钻孔、工程钻孔、地热钻孔等各类钻孔的基础上，遵循"统筹兼顾，一孔多用"的原则，使钻孔布设既能达到预期目标，又具备科学合理性。标准孔应选取不同构造单元分区或地层分区上地层发育齐全、构造相对简单的地段进行布设，便于区域综合对比分析，解决重大地质科学问题；而控制孔则需要以具体的需求为出发点，通过构建系统的钻孔剖面测网，着重控制某一深度内第四纪地质结构，因此选取钻孔空白区和控制程度低的地带进行布设。

2）钻孔施工

标准孔和控制孔均为全孔取心钻进，钻探施工要求参照《岩心钻探规程》、第四纪钻孔编录、样品采集及相关技术资料要求执行。

　　钻孔开工前需要根据设计书明确钻孔目的、类型、地理位置及坐标、设计深度及技术要求。钻探施工前应按设计要求核对孔口位置，需改变孔位时应书面说明变更原因，重大调整还需要经设计审批部门批准。

　　钻孔施工程序分为以下 10 个步骤：钻孔坐标定位（包括地面高程、地理坐标、地下水位等勘测数据）；施工安全检查；项目技术负责进行技术交底；核查孔口坐标、主轴方位、斜度（天顶角）及岩心收集装置等；钻探施工及编录；孔深校测，包括钻遇重要标志层、断裂、重要地质现象时均需要孔深校测，此外处理重大孔内事故后和终孔时也要进行孔深校测；检查核对岩（土）心摆放顺序及采取率、孔斜等质量指标；综合测井；钻孔验收及封孔和建立孔口标志；岩（土）心保管工作。具体施工中应遵循以下要求。

　　（1）设计钻孔均为直孔，开孔孔径和终孔孔径不小于108mm。必须是全孔连续取心钻进，单一回次一般不得超过 3m，必要时应限制回次进尺和回次时间；在松散地层中，潜水位以上孔段，应尽量采用干钻或少水（浆）钻进，潜水位以下方可带水钻进；在砂层、卵砾石层中尽量采用反循环钻进；岩性采取率要符合设计要求，其中黏性土的采取率不低于 90%，砂性土的采取率不低于 75%，卵砾类土的采取率不低于 60%。

　　（2）每钻进 50m 及终孔时，均需进行孔深校正，钻进深度和岩土分层深度的测量精度，不应低于 ±5cm；终孔深度误差不得大于千分之一，每 100m 孔斜率不得超过 2°，若超差应及时纠正。钻进过程中要随时做简易水文观察记录，包括初见水位、静止水位等，如果钻探过程中发生涌水、漏水等意外情况，应及时记录其深度。处理事故或因故停钻时，要观测和记录孔内水位。

　　（3）钻孔岩心编录，按照岩心编录规范要求，岩性描述要求准确、客观、真实，对厚度超过 10cm 的地层均需要单独分层；厚度不足 10cm 的标志层或特殊层位（泥炭层、钙质结核层等）也需要分层描述，沉积物颜色描述应以《中国标准土壤色卡》为准。

　　（4）取出的岩心首先按照先后次序排放在中间劈开的 PVC 管中，并根据取出岩心上下次序标明箭头方向和顺序编号，然后完成劈心工作。岩心劈开分两套分别装入岩心箱中保存，一套为岩石地层研究专用，另一套主要满足采样需求。劈心后要尽快完成拍照、编录及采样等后续工作，最后存放于岩心箱内集中放置妥善保管（图3-7）。

　　此外，对于钻进过程中常出现的岩心（尤其是黏性土）长度大于进尺的情况，即"胀心"现象，产生的残留岩心可由编录人员进行如下处理：①在岩心完整时以本回次岩心采取率为 100% 计，将超出部分计入上回次；②残留岩心上推过程后若遇岩性变化需分层时，则以上推后的回次孔深位置为准，进行分层和换层深度计算，如岩心破碎、干扰严重，残留岩心则不准上推。

　　（5）钻探班报表应由机台专人负责，记录要详细、清楚、真实，报表要整洁，并如实反映情况，交接班长和机长要亲笔签字，岩心回次牌同班报表中数据要一致。

　　（6）钻探施工结束 24h 内，首先要进行孔深测量，如果孔内存有沉淀物，达不到孔深要求，则必须进行冲洗、捞砂等处理措施，以保证仪器探头从孔底开始测量。孔深测量

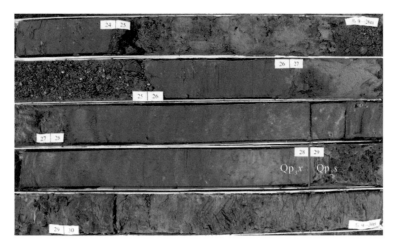

图 3-7　钻孔岩性摆放及回次

后要及时进行综合物探测井工作，测井内容包括视电阻率、电化学、密度、放射性、井温和波速等，具体测制要求按《煤炭地球物理测井规范》（DZ/T 0080—2010）等相关技术规范执行。

（7）钻孔验收。钻孔施工方按照设计完成施工后，检查校对野外编录内容，核实并计算处理各种数据，整理样品、标本，包括编号、登记、包装、填写送样单等，最后编制钻孔地质小结，填写封孔记录表，提交钻孔验收申请，由项目承担单位组织验收，验收不合格的钻孔责令施工单位返工。验收完成后用黏土球封孔，并在孔口中心处设立水泥标志桩。

3）岩心拍照与编录

（1）岩心拍照，将按回次顺序取出的岩心放置于事先准备好的 PVC 管中，用专用的劈心工具将岩心劈成两半，一半用于采样，一半用于照相和描述。值得注意的是，拍照要在完成取心的第一时间完成，以保证岩心颜色、沉积构造的原始特征，防止后期氧化作用对沉积物颜色、含水性等特征的干扰。另外拍照时要尽量避免强光照射等情况，对岩心照片数码文件按照顺序进行拼合，形成钻孔柱状图的完整岩心照片。

（2）岩心编录，钻孔岩心编录前应准备小刀、2H 铅笔、橡皮、钢卷尺、量角器、计算器、10 倍以上放大镜等现场观测记录工具，另外还要准备采样工具、样品标签、样品包装材料及各种记录表格。编录时，厚度大于或等于 10cm 的岩性层应进行分层描述。编录应突出重点，特殊地质现象要详细描述，并做放大素描、照片、录像等记录并编号。若需要采集样品应详细标明样品类型、编号、采集深度及采集人等信息。此外，观察记录除用肉眼和放大镜观察外，还要利用手搓刀划等手段鉴别黏性土的类别，而对粗颗粒沉积物如卵石、砂砾等沉积物还需要洗净、敲开来确认成分。基岩编录主要描述岩性、颜色、结构、构造、成分、风化特征、古生物化石以及重要界面（不整合界面、断层面等）。松散沉积物主要描述沉积物组成、颜色、结构、构造、成分等特征，不同类型的松散沉积物描述记录的侧重点有所区别，其中黏性土应着重描述同生变形构造、古土壤、包含物（泥炭、有机物含量、结核和古生物化石等）、生物活动遗迹等；砂类沉积物应加强碎屑成分、粒度、分选性、磨圆度等的描述。砾石类则要重点描述砾石成分、粒度、分选性、磨圆度，胶结物成分、胶结程度、风化程度等特征。除此之外，松散沉积物的描述还应详细观察记录分层接触关系及次生变化特征。在野外编录时还需要同前人资料进行对比分析研究，以便初步判断钻孔的时代界线，诸如早更新世、中更新世、晚更新世及全新世的底界等界线，并根据颜色、岩性组合、结构构造初步划分沉积环境和沉积相。

4）钻孔样品采集

标准孔调查研究是整个第四系覆盖区区调工作的关键，而系统采集各类样品又是标准孔调查的重中之重。此外控制孔也需要根据具体工作任务的需要安排采集岩土工程样品，以获取岩土体的多种属性参数。因此样品布置、采集方法以及测试方法的选取将直接影响后续第四纪综合研究以及成果推广应用。首先采样工作必须预先进行全面计划和统筹安排部署，并在钻探过程中安排专人负责，自始至终负责各类样品的采集及后期送测等工作。第四纪标准孔采集的样品包括各类测年样品（热释光、光释光、^{14}C 测年、电子自旋共振、古地磁等）、微体古生物样品、粒度样品、地球化学样品（常量元素、微量元素和稀土元素）以及各类单矿物样品（黏土矿物、重砂矿物）等，控制孔一般采集工程地质样品。此外，由于采集样品种类较多数量较大，因此需要合理安排取样次序，一般首先采集各类测年样品，然后其他样品按一定的间距进行采取。各类样品采样要求列述如下，详见表3-2。

表 3-2　第四纪样品采样要求及目的

分析项目	测试内容	采样间距	采样介质	样品规格	目的	备注
孢粉分析	孢粉种属、丰度	0.5～1m，视沉积层厚度可适当加密或抽细	灰、暗灰色、黑色有机质沉积物	样重 200g	古气候特征	密闭
微体古生物	种属鉴定，数量	同上	同上	样重 100～200g	沉积环境分析	密闭
自然重砂	重矿物种类、数量	视调查精度确定	砂层	样重 300g	气候特征、物源分析	
^{14}C	放射性碳含量		木头、贝壳、骨头、泥炭等	样重 200～500g	距今 300～30000a 沉积年代	密闭
光释光（OSL）	辐射剂量		粉细砂、粉砂质黏土	样重 300～500g	距今 500～100000a 沉积年代	密闭遮光，避开岩心顶底扰动层取样
古地磁	磁化率、磁偏角、磁倾角、磁强度	一般 1m，湖相层 20～50cm，砂层 2m 左右	细颗粒为主	2cm×2cm×2cm 定向取样	划分磁性地层	无磁容器取样
粒度分析	颗粒大小、分布特征	视沉积韵律发育而定		样重 50～100g	沉积环境分析	
差热分析	黏土矿物类型		黏土、粉砂质黏土	样重 100g	沉积环境分析	
电镜分析	沉积颗粒表面微结构		长石、石英	矿物颗粒分选	沉积物成因、物源	
光谱分析	B/Ga/Sr/Ba/Rb/K/Cr/Ni/V/F/Cl/Br/Zn/Cu/S	逐层采取、间距 5～10cm	黏性土	样重 100g	沉积环境分析	

（1）古地磁样品。古地磁研究是通过测量沉积物中剩余磁性强度来反映当时地磁场的方向，并将获取的极性柱与标准极性柱对比，以此建立沉积物的年代序列。沉积物中的粗碎屑定向排列往往受到流水方向、压实作用等非地磁场作用的影响而使磁倾角变小，因此古地磁样品要尽量选取能够记录高矫顽力剩余磁性的细颗粒沉积物（粉砂、黏土等）作为介质。此外，由于自然界大部分磁性矿物是铁和镍的化合物，因此一般采用铜质的刀和铲，避免使用铁刀、铁铲、不锈钢刀具对样品的干扰。根据京津冀山前冲洪积平原的第四纪地层特征及经验，古地磁样品采样平均间距1.0m，湖相淤泥质黏土可加密至0.2～0.5m，砂层可抽稀至1.5～2.0m。采集的古地磁样品通常使用规格为2cm×2cm×2cm古地磁标准样盒盛放，并注明编号按照方向和顺序放置好。

（2）碳十四（^{14}C）样品。^{14}C样品的最佳测量年龄范围为距今300～30000a，最大不超过50000a，测试样品一般选取淤泥、泥炭、木头、钙质结核、动物骨骼、贝壳、植物果实、种子等含有碳元素的物质，其中泥炭、木头、植物果实、种子等一般采集50～100g，而含碳量较低的淤泥等物质一般采集300～500g。样品采集后要防止二次污染，包装样品要使用塑料袋，不可直接装入布袋或纸袋，不可将纸质标签放入样品袋中，样品装袋封闭好以后注明样品编号。

（3）热释光（TL）与光释光（OSL）样品。热释光（TL）、光释光（OSL）是通过测量获取的石英、长石等矿物中宇宙核素的含量，根据其衰变速度来计算沉积物沉积时最后一次暴露的时间。目前国内实验仪器设备的测试年代范围一般为500～100000a。样品采集时应首先将取样段的岩心在黑雨伞或黑布的遮蔽下取出，取出岩心管后，用采样罐在避免阳光直接照射的条件下采集完整的柱状样品，样品量一般为500g，取完后完成封装并标明样品编号和上下方向。样品的岩性以颗粒均为均匀的粉砂、细粉砂、含黏土粉砂为主，可以避免粒度不均带来的系统误差。

（4）电子自旋共振（ESR）样品。电子自旋共振（ESR）测量年龄范围大于1Ma，一般可以测几十万年到十几百万年时段的年龄。ESR测年样品不宜太细，也不宜太粗，应尽量选取石英含量较高沉积物。取样时将岩心取出岩心管后，避免阳光直接照射，一般采集500g左右，样品采集后不需要晒干或烘干（在饱和带或水下采集的样品应注明），用塑料袋包装，注明样品编号装入塑料袋内送交实验室。

（5）孢粉样品。孢粉是第四纪生物化石中分布最广的化石门类，是分析研究第四纪古气候和古环境的最有效方法。采样时要尽量选取暗灰色、灰黑色、黑色的沉积物，其中孢粉的含量较丰富；而呈现红色、砖红色及黄色、褐黄色、棕黄色、杂色等含钙质较多的沉积物，则形成于强氧化、氧化条件，或者干旱、半干旱的气候条件，一般少含或不含孢粉。除此之外，采样时也尽可能避开颗粒太粗或太细的沉积物，因为沉积物颗粒越粗，其中的孢粉就少或不含孢粉，但过细的黏土也很难保存孢粉。野外采样时要注意保持样品的纯净，不能混入现代孢粉，在钻孔取样时要特别注意岩心的上下顺序，首先去除岩心上的泥浆，按照岩性、粒度、沉积物颜色等自上而下采集。样品采集量一般为200～500g，采样平均间距为0.5～1.0m，如遇较厚的泥炭层还应适当加密，对古土壤和淋淀层也应予以重视。用塑料袋包装，在袋外注明编号。

（6）有孔虫、介形虫等样品。有孔虫、介形虫、苔藓虫等微体化石应选取灰色、黑色、暗绿色的沉积物进行采集，采样一般遵循逐层采样，样品采集 200 ～ 500g，采集后用塑料袋包装，在袋外注明编号。

（7）软体动物化石样品。软体动物化石的种属能够灵敏地反映其生存的沉积环境，因此对于岩心中发现的软体动物化石，尤其是海侵层、泥炭层等特殊标志层中出现的软体动物化石，一般均需要系统采集。采集要注意保证软体动物化石的完整性，采集完成后用塑料袋包装，在袋外注明编号。

（8）脊椎动物化石样品。脊椎动物化石尤其是哺乳动物化石（牙齿、骨骼等）可以准确地鉴定动物的种属，进而研究其生存的环境，因此要加强采集工作。采集样品时为了保存和鉴定，需要用石膏封存并记录采样深度和编号。

（9）粒度分析样品。粒度分析可以系统研究沉积物形成的水动力条件、沉积环境等特征，样品采集间距根据沉积旋回的发育厚度灵活掌握。土层样品采集一般为 100g，砂层样品采集 500g，采集后用塑料袋包装，在袋外注明编号。

（10）黏土矿物分析样品。黏土矿物主要是通过鉴定黏土矿物的类型和含量来研究沉积环境，因此样品采集一般选取黏土、含粉砂黏土、粉砂质黏土等沉积层位，样品采集量一般为 300 ～ 500g，采集后用塑料袋包装，并在袋外注明编号。

（11）地球化学分析样品。地球化学分析样品能够反映第四纪沉积物形成时的气候温暖干湿以及化学等条件，一般选取在重要的界面附近进行采集，样品一般采集 100g，砂层时采集 200g，采集后用塑料袋包装，在袋外注明编号。

（12）重矿物分析样品。第四纪沉积物重矿物分析主要是通过鉴定重矿物类型和含量，研究沉积物水动力条件、沉积物来源、风化系数等。重矿物样品一般只选取砂层（粉砂、细砂层）进行采集，一般采集 500 ～ 1000g，用塑料袋包装，在袋外注明编号。

（13）工程地质样品。控制孔的工程地质样品要按照岩性层位进行土样采集，采样间距离可根据单个层位的复杂程度及厚度适当调整。如单层较厚且较均匀的，取 1 ～ 2 个样代表即可。样品采集需用专用采集筒（一般为铁皮），样品直径不小于 89mm，长度一般为 20cm。样品采集要保证样品的完整性。采集的样品装入采集筒时需注意样品的上下次序，装好后，采集筒外要求用纱布包裹，贴上标签，注明样号、位置等信息，标注上下方位，及时封蜡，并尽快送往实验室测试，运输过程中需防止样品的震动。样品测试项目按工程地质勘查规范中的要求主要是对常规指标的分析，包括物理性质指标和力学性质指标的测试。试验项目主要有抗压强度、块体密度、含水率、液塑限颗粒分析、含水量、颗粒密度、液限、塑限、渗透系数、最大分子吸水量、压缩系数及压缩模量、粒度分析、比重等。

5）钻孔资料入库

第四纪钻孔数据按照 1 ： 50000 图幅进行录入，在数字填图系统中的"第四纪钻孔"文件夹内以钻孔编号为文件夹命名并存储。钻孔数据采集项包括钻孔基本信息、回次库以及分层库信息，采集数据存储在相关钻孔文件夹下 EngDB 文件夹中的 ZKFour.mdb 中。

绘制第四纪钻孔柱状图首先在 ZKFour 点文件中新建一个点，输入勘探线号、工程编号及比例尺等信息，然后将野外编录的地质资料，包括回次、岩性、分层、时代，沉积相、采样、照片、钻孔方位及倾角等信息录入到钻孔数据库中，数据库完善以后，打开钻孔柱状图，进行柱状图绘制。最后修饰钻孔岩石花纹里的背景颜色、粒度、花纹代号等，完成的钻孔柱状图工程存储在每个钻孔文件夹下的 SketchMPJ 文件夹中。

2. 第四纪地层划分与对比

1）岩石地层

岩石地层单位是依据宏观岩性特征和相对地层位置划分的岩石地层体，它可以是一种或数种岩石类型的联合。岩石地层单位划分的关键在于整体岩性一致性、野外易于识别性。不同于基岩区地层固结程度高、整体延伸稳定，覆盖区第四纪沉积物尚未经历漫长的压实固结成岩作用，沉积物大多呈松散状、半固结状，此外岩性横向变化大，因此划分第四纪岩石地层，在遵循传统岩石地层划分方法的基础上，还需综合特殊标志层、固结程度、岩电重要分界等辅助特征进行划分。一般来说，第四纪更新世岩石地层划分至"组"级单位，而全新世则根据实际资料丰富程度来确定能否建立"组"级岩石地层单位。

根据京津冀山前冲洪积平原区第四纪地层特征，可用于岩石地层划分的标志有：①沉积物的压实固结程度，一般来说沉积物时代越老，其固结程度越高；②反映区域重大地质事件的特殊标志层，如火山灰层、海相夹层、洪积砾石层、古土壤层、文化层、硬土层等；③沉积物的原生色，沉积物的不同颜色代表了不同气候特征，如灰黄色、棕黄色反映干冷气候，灰色、灰黑色反映潮湿气候，红色、棕红色一般是温暖环境的产物；④沉积物的沉积旋回，即根据不同地质时期沉积旋回特征来归类不同的沉积物组合，如中更新世相对暖湿气候下的沼泽、河湖沉积物组合，晚更新世末次冰期极度干旱寒冷气候下的钙质结核层、硬土层等。除此之外，测井曲线显示的重要岩电分界点也可以作为岩石地层划分的重要辅助标志，如区域上下更新统饶阳组底界可参考电阻率曲线转化为平稳低值的陡变点作为划分标志。

2）年代地层

第四纪地质时期较短暂，因此需要更高分辨率的测试手段来研究年代地层。常用的有：^{14}C 法、光释光法、ESR 法、氧同位素年代法、磁性年代法等。各种定年方法均有其使用范围，其中 ^{14}C 法一般适用于 3 万年以来地层，因此主要适用于全新统底界的确定；光释光法适用于 10 万年以来地层，主要适用于上更新统底界的确定；氧同位素年代法适合上更新统底界的确定；磁性年代法适用于下更新统底界和顶界的确定。其各自测试方法及要求详见表 3-2。

3）生物地层

第四纪气候周期性冷暖、干湿交替变换是这一地质历史时期的显著特征，与之相对应，生物特征表现出不同组合样式，因此详细划分生物地层单位是进行第四纪古气候、古环境分析研究的基础。第四纪地层含有较丰富的动植物化石，然而第四纪时限较短生物演化的阶段性不明显，化石分布零散且多具"穿时性"。因此，目前第四纪生物地层学划分方法一般采用孢粉、动植物群组合带来划分。此外不同于基岩区生物地层用于时代划分，第四纪生物地层主要用于沉积环境和古气候研究。

组合带是以所有化石类型或某一种类型或几种类型构成的一个自然共生或埋藏为依据划分的，在生物地层特征上与相邻地区有明显区别的地层体。组合带的界线一般划在标志该单位特征存在的生物面上，但带内生物分类单位的延限可以贯穿、跨越带界或位居带界之间。带的命名可以选用其中 2～3 个最具特征的分类单位名称组合成生物带名称。

根据京津冀山前冲洪积平原区第四纪生物组合特征及分布规律，本次工作优选了北京通州区双埠头 ZKTX-1 孔、北京顺义区温榆河顺 1 号孔和顺 5 号孔、北京朝阳区东坝新 5 孔、河北省石家庄市正定县 ZD08-1 孔、河北省唐山市滦南县霍泡 ZK02 孔、河北省邯郸市魏县 HZK1 孔、河北省廊坊市香河县渠 6 孔、河北省三河市叁 9 孔、天津蓟州区 ZK02 孔、天津蓟州区官善剖面等 14 个典型山前冲洪积平原区钻孔、露头剖面生物化石点开展更新世生物地层划分；以北京市房山区长沟坟山剖面、通州区西集镇尹家河剖面、通州区尹各庄剖面，河北省三河市燕郊镇刘斌屯剖面、天津市蓟州区头营剖面等露头剖面为基础进行全新世生物地层划分。由老到新共建立 12 个孢粉生物组合带，6 个介形虫组合带，10 个软体动物组合带，其组合特征详见表 3-3。

4）磁性地层

第四纪磁性地层学是研究沉积序列磁性特征的地层学组成部分，是通过对第四纪沉积物古地磁特征和磁化率变化特征的分析，划分出磁性地层单位的一种方法。古地磁参数 [磁倾角、非磁滞剩磁（ARM）、等温剩磁（SIRM）等] 变化分析是地层对比、定年的方法之一。古地磁极性年表具有全球性，是全球古地磁极性对比的标准。通过综合对比钻孔岩性、磁倾角、ARM、SIRM 等可替代性指标或根据其旋回变化进行区域地层划分与对比，来确定磁极性漂移事件及年代。目前用于第四纪研究的古地磁极性年表是根据一系列地层剖面古地磁极性事件测量，把不同时间尺度的极性变化事件编制成地球极性时间表（图 3-8）。

5）气候地层

按照气候地层学原则划分第四纪地层，关键是对第四纪冰期和间冰期的合理划分。古环境古气候分析利用的指标较多，常用的有孢粉组合、重砂矿物、磁化率、岩石化学分析和沉积物颜色等方法，实际应用中往往综合多项指标进行古气候划分（表 3-3）。

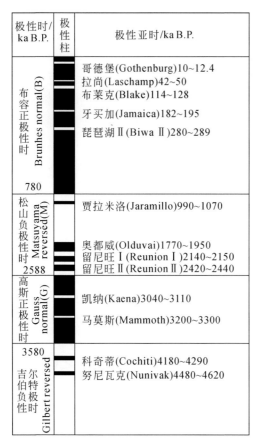

图 3-8 标准古地磁极性年表划分方案

表 3-3 京津冀山前冲洪积平原区生物地层及古气候特征

地质年代			孢粉组合	古植被	软体动物化石	介形虫化石	古气候	气候旋回
第四纪	全新世	晚期 XII	Pinus-Betula	森林草原			温凉干爽	冰后期
		中期 XI	Tilia-Morus-Corylus-Composflea	阔叶林草原			温湿	
		早期 X	Pinus-Quercus-Ephedra	针阔混交林草原	Metodontia bersowskil-Galba truncatula		温凉干燥	
	更新世	晚期 IX	Abies-Picea-Betula-Gramineae-Artemisia	荒原	Cathaica-Pupilla-Vertigo		干寒	百花山冰期
		晚期 VIII	Quercus-Gramineae-Botrychium-Polypodiaceae	封闭草原	Gyraulus-Bithynia-Hippeutis-Galba	窄骊山介 – 双瘤湖花介	温润	
		中期 VII	Picea-Abies-Morus-Artemisia	暗针叶林 – 草原	Galba-Succinea-hopeiensis-Gyraulus		湿寒	碧云寺冰期
		中期 VI	Morus-Ephedra-Leguminosae	草原	Radix-Parafossarulus striatulue-Vallonia		温润	
		中期 V	Picea-Cedrus-Larix-Morus-Gramineae	针叶林 – 蒿藜草原	Galba-Gastrocopta	丰县玻璃介 – 粗糙土星介	干冷	龙骨山冰期
		早期 IV	Juglans-Quercus-Leguminosae-Polypodiaceae	阔叶林 – 开放草原	Bithynia-Stenotnyra-Gyraulus	斑纹三原介 – 近侯氏玻璃介	温湿	
		早期 III	Picea-Abies-Pinus-Artemisia	暗针叶林 – 草原	Parafossarulus striatulue-Lamprotula	双瘤湖花介 – 近侯氏玻璃介	湿冷	
		早期 II	Quercus-Salix-Polypodiaceae	落叶阔叶林	Gyraulus	峇子头玻璃介 – 瘤湖花介	温润	
		早期 I	Pinus-Picea-Artemisia	针叶林 – 草原	Bellamya-Parafossarulus striatulue-Semisulcospira elegans-Radix-Anodonta	普兰白花介 – 瘤湖花介	干燥寒冷	朝阳冰期

（1）孢粉组合。根据植物孢粉的种类、丰度及组合特征，按照其群落组合的现代生态环境，将今论古来推测第四纪时期古气候特征和沉积环境变迁。

（2）重砂矿物。重砂矿物的组合特征及后期风化特征可以有效反演第四纪古气候，具体方法有两种：一是依据重矿物的组合来判断古气候环境，如角闪石、绿帘石等非稳定矿物富集段一般显示寒冷气候，伊利石、绿泥石等稳定矿物则多反映炎热气候；二是通过矿物的风化程度来判断气候冷暖，寒冷条件下矿物晶形完整，湿热条件下一般多为半自形 – 他形。

（3）磁化率。沉积物的磁化率变化能够较为准确地反映古气候变化，在暖湿且具有较强氧化条件的环境下，一般磁化率较高；反之，在相对干冷且强还原条件下，磁化率较低。

（4）岩石化学分析。沉积物中化学元素的迁移和聚集与第四纪古气候有着密切的关系，应用岩石化学元素变化特征可以有效判断古气候。如 Al_2O_3 多在温暖潮湿的气候条件下富集，CaO 含量一般会在半干旱条件下升高。京津冀山前冲洪积平原区的沉积物中 $CaCO_3$ 含量亦能灵敏指示古气候环境，一般干冷条件下 $CaCO_3$ 含量较高，温润气候条件下该值降低。另外，还可以通过氧化物比值来判断气候条件，常用 T 值（Fe_2O_3/FeO）和 G 值 [$SiO_2/$（$Al_2O_3 + Fe_2O_3$）]，一般 T 值越大说明氧化条件越强，反之处于还原环境，而 G 值大反映干冷气候，反之为温暖气候。除此之外还可通过沉积层的微量元素来判断古气候，应用较多的是 B、Sr、Ba、V、Ni 及相关比值 Sr/Ba、Th/U 等。

在上述各类地层划分基础上，以调查区第四纪标准孔岩石地层层序为基础，开展年代地层、生物地层、磁性地层、气候地层等多重地层划分对比，重点加强泥炭层、钙质结核层、硬土层等特殊标志层的对比研究，总结可用于区域对比的划分标志，进一步研究第四纪地层空间分布规律。

6）多重地层划分对比应注意的问题

（1）地层类型混用。以往第四纪岩石地层的划分一般依据古生物组合、古气候特征、地层年代等特征，建立岩石地层的"组"单位。如泥河湾组、刘斌屯组，严格意义上来讲这些应该属于生物地层或年代地层。而"组"作为岩石地层的基本单位，首先应具备野外宏观岩类或岩类组合相同、结构相似、颜色相近、变质程度一致、空间上有一定的延展性等特征，而且在野外要求有便于识别的相同或相近标志。但是不同于基岩区的岩石地层，第四纪松散堆积物的固结程度、区域延伸稳定性等特征都较差，因此探索更为合理的划分标志成为划分岩石地层单位的关键。本次工作建议区域上以第四纪地层中特有标志层（钙质结核层、硬土层、古土壤层、潴育化层、海侵层等）、固结程度、重要岩电分界面为主要划分标志，同时结合第四纪沉积环境、古气候等因素来综合确立岩石地层单位。

（2）"同物异名""异物同名"现象。由于本区未对第四纪岩石地层进行系统清理工作，导致第四纪岩石地层在命名、使用方面较为混乱，产生大量"同物异名""异物同名"的现象，给区域岩石地层划分对比带来很大困难。基于此，笔者认为十分有必要开展区域的第四纪岩石地层清理工作，在区域上根据岩石地层单位的命名早晚、代表性等特征来确定层型地，以便为第四纪综合研究及水、工、环专项调查工作提供统一的划分标准。

三、第四纪地质结构调查

（一）调查内容及要求

第四纪地质结构调查目的是为地下空间资源的开发利用、地下水资源、环境地质评价提供基础资料。针对京津冀山前冲洪积平原第四系的特点，按照"第四纪地层分区→钻孔筛选与标准化→地层格架构建"的技术流程（图3-9），运用遥感解译、地表地质地貌调查合理划分第四纪地层分区，充分利用已有各类钻孔和地球物理资料，适当补充钻探和地球物理勘查工作，查明第四系的岩性、分布、空间展布等特征，建立地质结构。详细调查流程及方法组合如下。

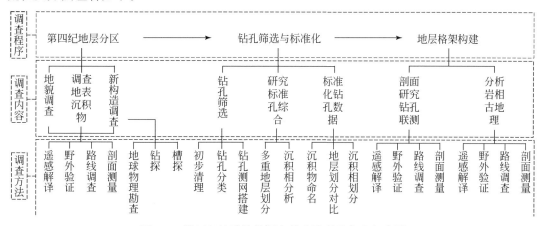

图3-9　第四纪地质结构调查技术流程及方法组合图

（二）技术方法有效组合选择

1. 第四纪地层分区

京津冀山前冲洪积平原的第四纪沉积相变十分剧烈，表现为同一时期内不同古地理环境下形成了千差万别的沉积组合，因此很难利用某一研究程度较高的钻孔来代表平原区较大范围的地层层序。所以进一步合理划分第四纪地层分区，有利于提高整个京津冀山前冲洪积平原区地层研究精度，更好地刻画整个第四纪沉积特征。

1）分区原则

不同于前第四纪地层分区划分，第四纪时间较短，生物属种都没有明显的变化，构造运动的构造体制及对地层沉积的控制作用亦不同于基底断裂，因此第四系覆盖区的地层分区很难效仿基岩区依靠生物地层、大地构造单元区划等方法来划分。本次工作在综合已有各类资料的研究成果基础上，认为可以作为划分京津冀山前冲洪积平原区第四纪地层分区的依据有以下三个。

（1）前第四纪岩相古地理。新近纪以来，受喜马拉雅构造运动控制，区域上发生了剧烈的拉张断陷构造作用，形成了相间排列的大型凹陷和凸起。至上新世末，经"填平补齐"的沉积过程，华北平原基本地貌格局形成。受到原有的凸起凹陷古地理格局的影响，第四纪早更新世在凸起和凹陷区的继承性造就了沉积的差异，明显表现为凸起区沉积厚度较薄，凹陷区沉积厚度加厚。

（2）新构造运动。新构造运动特别是第四纪断裂引起了不同地块的抬升和下降，导致古地貌的分异和沉积速率的巨大差异，从而形成了不同的沉积组合特征。

（3）沉积作用类型及物源区。在不同的古地貌位置上的沉积作用类型千差万别，比如近山前的洪积作用与山前平原内的河流冲积作用会产生迥然不同的沉积物组合。而风化剥蚀区的物源种类又决定了第四纪松散沉积物的物质成分。

2）分区方法

（1）地貌调查。利用不同时相遥感数据对调查区地貌进行解译，并结合野外实地验证，重点圈定山前冲洪积扇、洪积台地、古河道、河间洼地等重要的地貌单元，作为划分第四纪分区的重要参考依据。

（2）地表沉积物调查。在遥感解译的基础上，开展第四纪地表地质调查，野外实地调查与遥感验证相结合，重点调查地貌类型、沉积物类型和沉积环境，调查松散沉积物与地貌的关系，进一步划分沉积作用类型。

（3）新构造调查。收集整理有关新构造的物探、钻探等区域资料，并通过构造地貌调查以及在构造带上布设物探剖面、开挖探槽等手段，调查新构造的活动性及对第四纪沉积物、沉积速率的控制作用。

2. 钻孔筛选与标准化

以第四纪地层分区的建立为基础，在不同地层分区内筛选出资料程度相对完备的钻孔开展综合研究与标准化工作，为区域地层划分对比及搭建第四纪地层结构格架奠定基础。其方法组合包括钻孔筛选、标准孔综合研究和钻孔标准化。

1）钻孔筛选

钻孔资料的筛选和整理是第四纪地质结构调查的基础，大致可以分为以下三步：

（1）初步清理。根据钻孔要素的丰富程度，缺失孔位坐标、钻探编录的钻孔可视为无效孔，要删减掉。

（2）钻孔分类。即根据钻孔资料的齐全程度和不同用途将其划分为标准孔、控制孔和参考孔等几类。

（3）钻孔测网搭建。将不同类别的钻孔投影到地理底图上，然后综合考虑钻孔资料的可利用程度、钻孔平面分布网度等因素，对初选钻孔进行最终合理取舍，形成用于第四纪地质结构构建的钻孔测网。

2）标准孔综合研究

以标准孔岩石地层划分为基础，开展生物地层、年代地层、磁性地层、事件地层等多重地层划分对比工作，结合物探测井、浅层地震探测等资料进行综合分析，建立钻孔的区域划分标志。

3）钻孔标准化

首先要以统一的松散沉积物分类命名方案、多重地层划分对比标志为依据，对所有钻孔的第四纪地层、沉积相进行统一划分。另外还要对钻孔编录中的特殊颜色、沉积结构进行规范化识别和提取，以便后续的第四纪沉积环境研究。最终形成一套具备统一、规范标准的第四纪地层钻孔数据库，以备钻孔区域划分对比使用。

3. 地层格架构建

在建立第四纪地层分区、钻孔筛选及标准化基础上，根据建立的钻孔测网，选取某一方位的钻孔剖面，以岩性、沉积相为基本的对比划分标志，按照现代沉积学原理进行联绘，形成不同方位、不同深度、不同时代的第四纪地质二维结构图件，从而研究不同第四纪沉积分区的垂向和侧向沉积演化规律，最终构建形成第四纪地层三维地质结构。

1）钻孔联测剖面

（1）剖面绘制原则如下：

①第四纪地层分区、沉积环境分区要作为基本单元，以现代沉积学原理为指导，针对不同沉积区的充填演化模式，利用遥感、物探资料作为勾绘沉积物垂向和侧向延伸趋势的辅助手段，合理表达第四纪岩性、地层的空间展布特征。

②参与剖面联测的钻孔必须经过岩性、岩石地层、年代地层、沉积相等方面内容的标准化。

③以第四纪事件地层为指导，结合电测深、浅层地震等物探资料，合理表达河道迁移、冲洪积扇叠置等沉积物相变特征。

（2）剖面绘制方法如下：

①标志层法：利用第四纪地层分区建立的标准孔多重地层划分标志作为孔间地层、岩性连绘的最重要、最可靠依据，另外也可以将浅层地震勘测、高密度电法等地球物理勘探获得的重要反射层界面、高阻层界面等结构面作为重要标志层，如京津冀山前冲洪积平原区第四系底界与新近系之间的界面（图3-10）。

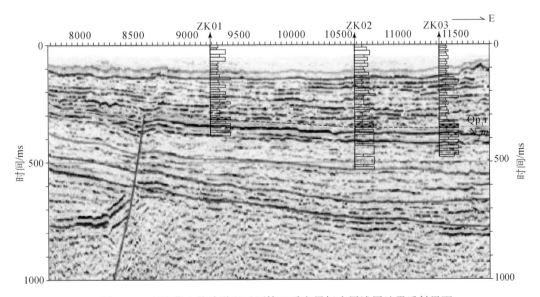

图3-10 京津冀山前冲洪积平原第四系底界标志层浅层地震反射界面

②古河道法：通过遥感、文献调查、物探、钻探等资料初步了解古河道分布特征，如沿古河道走向分布的砂砾石可以相连，不同时期古河道迁移摆动发生叠置，可依据电测深资料区分。而在垂直古河道方向，由"河床→堤岸→河漫滩→河间洼地"的不同地貌位置，沉积物出现"砂砾石→砂→粉砂→粉砂质黏土→黏土"的变化规律，且多呈过渡关系。此外河道侧向迁移以及河漫湖沼静水沉积的展布特征也需要区别表达（图 3-11）。

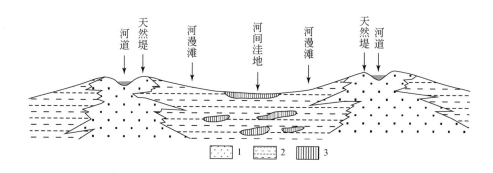

图 3-11　河道带及河间洼地沉积特征剖面图

1. 砂；2. 粉砂质黏土；3. 黏土

③冲洪积扇法：沉积物的粒度自冲洪积扇的扇顶、扇中到扇缘依次呈现砾石→砂砾石→粗砂→细砂→黏土的粗细变化，因此可以根据钻孔所在冲积扇的相对位置判断钻孔间地层的连接方式。如处于扇顶位置砾石中的砂体呈透镜状，扇中砂体中则砾石呈透镜状（图 3-12）。除此之外还要注意不同冲洪积扇之间、相互叠置的冲积扇之间钻孔不可随意相连。

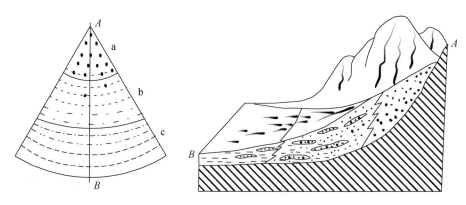

图 3-12　冲洪积扇不同地貌位置沉积特征剖面图

a. 扇顶；b. 扇中；c. 扇缘

④沉积物韵律法：在相同的第四纪分区内，沉积组合在同一沉积时期相同的沉积环境下可能出现反复韵律性变化，因此对于不远的钻孔中较薄岩层难以连接的情况下，运用韵

律层相连的方法是可行的，实践表明这种方法有一定效果。

京津冀山前冲洪积平原区钻孔剖面图连绘是一项综合性很强的工作，利用上述某种单一方法往往难以达到较为理想的效果，需要综合应用上述几种方法，才能更加合理地表达第四纪地质体的二维展布特征。

2）岩相古地理分析

第四纪岩相古地理分析是系统展示不同时代古地理特征、地质发展史，以及恢复古沉积环境和构造环境的最有效研究手段。实际工作中按照"成因标志建立→沉积物成因类型归纳→沉积相划分→古地理恢复"的方法流程进行。

（1）成因标志建立。沉积岩中的成因标志划分主要用于恢复沉积环境，根据不同类型可以分为生物学标志、矿物学标志、岩石学标志和沉积构造标志等。其中生物学标志通过生物与盐度、盆地深度等来判断当时的海、陆生存环境；矿物学标志是利用绿泥石、石膏、高岭石等典型矿物来推测物源区的沉积环境；岩石学标志则是通过第四纪地层中特殊的结核层、硬土层、红层、海侵层等标志层来反映成岩时期的古地理、古气候特征；沉积构造标志是通过沉积岩中层理类型、冲刷面、示顶底构造等特征来推测沉积环境。

（2）沉积物成因类型归纳。即通过沉积物种类及组合形式的不同，结合典型的沉积结构构造来判断其成因归属。京津冀山前冲洪积平原区的沉积物成因类型包括洪积、冲积、湖沼积、风积等类型。

（3）沉积相划分。在划分松散沉积物的成因类型及组合特征的基础上进行沉积相分析，如可以通过典型冲积成因的"含砾粗砂→粗砂→细砂→粉细砂→粉砂质黏土"沉积物组合，结合沉积构造来判断具典型"二元结构"的河流沉积相。另外还可以基于沉积相序分析来建立相应的沉积相，但是要保证相序的连续性。

（4）古地理恢复。根据沉积相分析的成果取得沉积相分带特征，利用岩石厚度或某一沉积相单位的厚度变化编制等厚线图、等深线图以此勾勒剥蚀区、古盆地、古水流方位等特征。

四、活动断裂调查

（一）调查内容及要求

对于活动断裂的定义，不同部门有不同的界定标准，本次工作选择"距今100000年以来活动过并且未来仍有继续活动可能性的断层"作为活动断裂，地质时代大体相当于晚更新世以来活动过的断裂。活动断裂调查内容主要包括构造地貌、地质、水系分布、沉积记录、地震现象及断裂活动年代调查等方面。

综合区域上近年来所采用的技术方法组合，建议京津冀山前冲洪积平原区活动断裂调查采用"活动断裂判别→活动断裂精确定位→活动断裂精确定时"的技术流程，首先根据区域地质资料、遥感解译、构造地貌调查等方法对调查区的活动构造进行筛选、甄别；其次对确定的活动断裂精确定位，在遵循"由深及浅、上断点接力"的工作思路前提下，采用"深层地震→浅层地震、高密度电法、探地雷达→断层气测量、钻探、槽探"、由深部至浅部再至地表的层级递进方式来系统调查活动断裂的精确位置；最后在活动断裂部位采集相应的测年介质，选取合适的测试方法，精确限定活动断裂的活动上限，其具体方法流程见图 3-13。

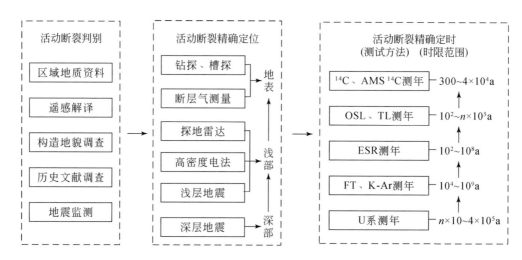

图 3-13　活动断裂调查技术方法组合及流程图

（二）技术方法有效组合选择

目前适用于京津冀山前冲洪积平原区活动断裂调查的方法包括遥感解译、构造地貌分析、地震监测、地球物理探测、地球化学探测和山地工程（主要为钻探、槽探）。其中地球物理探测包括人工地震、多极直流电法（高密度电法）和探地雷达（地质雷达）等；地球化学探测主要为断层气测量；山地工程包括钻探和槽探等工作方法。此外可以通过各种先进的同位素定年手段对活动断裂进行精确定时。

1. 遥感解译

收集不同时相遥感数据（包括高精度航空数据、高分数据）对获取的航卫片图像进行提取处理分析，尤其是重点加强早期航空卫片数据提取，识别遥感图像所蕴含的地质地貌错断、线状地形、水系急转弯等特征，结合前人资料来初步识别调查区活动断裂。

2. 构造地貌分析

活动断裂是距今 100000 年以来活动过的断裂，由其造就的构造地貌能够或多或少地保留，因此通过对现今地形地貌的分析、精确测量，可以进一步研究判别其与活动断裂之间可能的成生关系。常用的方法包括：1 ∶ 25000 或更大比例尺的地形图或者高精度数字高程模型（DEM）地貌分析、精确大地测量、水系特征分析等，通过分析地形图上错断地质地貌、地震地表破裂带及地裂缝带等构造地貌，结合野外对相关错断地貌实地特征的调查，包括地表阶地陡坎、山前洪积扇定向变位、地裂缝等破裂面系统调查，验证构造地貌的存在与否。

3. 地震监测

活动断裂分布地带往往是历史上地震灾害高发区,因此通过收集调查区不同历史时期地方史志关于地震灾害的记录资料,系统梳理近现代地震观测记录,进一步详细分析其展布特征,以及其分布规律与调查区基底构造单元边界断裂的符合度,从而初步判断深部基底断裂的活动性。

4. 人工地震

地震勘探中由人工激发(炸药爆炸或锤击激发)产生地震波,这种振动以震源为中心,由近及远地向四周传播,遇到地下弹性介质不同的岩层界面时发生反射或折射,部分能量折回地面,用检波器接收反射波或折射波信号,从而得到地震波剖面。根据探测目标地质体的不同和深度不同可以分为浅层地震勘探和深层地震勘探。

1)浅层地震勘探

浅层地震勘探是活动断裂精确定位中最常用、最有效的方法之一,主要用于探测活动断裂上断点及最新活动断距的确定。包括折射波法和反射波法两种基本方法。折射波法主要利用弹性波的首波初至时间绘制成时距曲线,通过对时距曲线的解释反演来推断地下构造;反射波法则主要利用反射波相位的时空特性来推测解释地下构造,它包括纵波和横波反射勘探两种。反射波法采用多次叠加、反褶积、谱白化等压制干扰,提高资料信噪比的技术,可以得到分辨率较高的时间剖面,从而可以较好地推断地下构造。

2)深层地震勘探

在浅层地震勘探的基础上,根据工作任务需求,选择其中可能为基底断裂复活产生的活动断裂进行深层地震探测,进一步研究该断裂的切割深度和深部延伸特征,从而进行系统评价。

深层地震探测深度起码应达到孕震深度乃至达到 M 面,其主要方法包括高分辨折射成像、深地震反射剖面、宽角反射 / 折射剖面、三维空间地震测深以及宽频带地震台阵技术。

3)剖面布设方法

地震勘探剖面应该垂直断裂带布设穿越性勘探线,断裂带大致范围要依据已有地球物理勘探工作基础综合考虑,勘探线的炮间距和道间距则需要根据勘探深度和精度而定。

4)地震解译方法

地震波反射剖面可以用于地层层位标定、识别和追踪断裂构造。

(1)地层层位标定。地震反射层位的标定通常是用钻孔测井、人工合成地震记录与井旁地震时间剖面比较,以识别特定反射界面的反射波。在没有钻孔资料的情况下可以依靠区域地质资料来进行分析确定。本次工作根据京津冀地区多年地质、钻探和地震勘探工作,可以大致确定水平时间剖面上与各反射层相当的地层层位,其中 T_0 反射相当于新近系明化镇组底部界面的反射;T_2 反射相当于新近系馆陶组底部界面的反射,代表了区域上新近系和古近系之间的不整合界面,具有广泛标志面意义;T_4 反射相当于古近系沙河街组一段底部界面的反射;T_5 反射相当于古近系沙河街组二段底部界面的反射;T_g 反射相当于新生界底界基底面的反射。其中 T_0 与 T_2 反射产状较平，可称为"平层"；T_4 和 T_5 反射层具有一定倾角；T_g 反射层为前新生代基底反射，具有低频多相位强振幅的特点。在京津冀平原区覆盖层以 T_2 和 T_g 反射界面可以划分为新近纪地层、古近纪地层和前新生代地层三个构造层，相当于新近系明化镇组底部界面的反射（表 3-4）。

表 3-4 京津冀山前冲洪积平原区地震反射层特征表

地质年代		岩石地层		反射层	备注
代	纪	组	段		
新生代	新近纪	明化镇组（N_2m）		T_0	平层
		馆陶组（N_1g）		T_2	
	古近纪	东营组（E_3d）			斜层
		沙河街组（$E_{2\text{-}3}\hat{s}$）	一段（$E_{2\text{-}3}\hat{s}^1$）	T_4	
			二段（$E_{2\text{-}3}\hat{s}^2$）		
			三段（$E_{2\text{-}3}\hat{s}^3$）	T_5	
			四段（$E_{2\text{-}3}\hat{s}^4$）		
		孔店组（E_2k）		T_g	
中生代/古生代					斜层

（2）断裂识别。利用地震波反射剖面识别和追踪断裂构造，主要是通过对比相位同相轴来完成。地震解译过程中，断点解释主要通过以下 5 种方法。

反射波发生错断。断层两侧同相轴发生错断，但反射波特征清楚、波组或波系之间关系稳定，这一般为中、小型断层的反映。

反射波同相轴数目突然增加、减少或消失。如下降盘同相轴数目逐渐增多，上升盘同相轴数目突然减少，一般是同生正断层的地震剖面特征。

反射波同相轴形状突变，反射零乱并出现空白反射。

反射波同相轴发生分叉、合并、扭曲和强相位与强振幅转换等。这通常是较小断层或小断层的表现特征。

异常波的出现。时间剖面上反射波错断处往往伴随发育异常波，最常见的是断面波、绕射波，这种特殊波的出现是识别断层的一种标志。通过对断点的确定，最终把性质相同、落差相近的有一定延展规律的相邻断点按一定展布规律组合起来构成断层组合。

5. 多极直流电法

多极直流电法即高密度电法，也称电阻率层析成像法，它是以岩、土导电性的差异为基础，研究人工施加稳定电流场的作用下地下传导电流分布规律的一种方法。与传统的电阻率方法不同之处在于观测中设置了较高的密度测点。现场测量时，只需将全部电极布置在一定间隔的测点上，然后进行观测，而且电极之间可以自由组合，这样可以提供更多的地电结构信息，使电法勘探能像地震勘测一样使用覆盖式的测量方式，尤其是在浅层人工地震勘测难以开展的城市居民区，电极距可以小到 1m 以下，也可增大到几米至几十米，因此可对地下浅层 1 ~ 100m 内的电性结构差异进行探测，最大勘探深度可达 250m 左右。

6. 探地雷达

探地雷达也称地质雷达，是通过发射天线向地下发射高频电磁波，通过接收天线接收反射回地面的电磁波，根据接收到的电磁波的波形、振幅强度和时间变化等特征推断地下介质的空间位置、结构、形态和埋藏深度的一种地球物理勘探方法，此种方法最大优势在于对活动断裂可以精细探测至地表。

7. 断层气测量

利用地球内部某些持续挥发的高挥发性气体会沿着渗透性相对较强的断裂带或裂隙带向地表迁移的原理，在地表相应部位捕捉、识别和确定这些异常点、晕或异常带的空间位置及随时间的变化特征，以探查隐伏活动断裂的存在。活动断裂地球化学探测中主要应用土壤气，测定的组分一般为 Rn、Hg、He、CO_2、SO_2、O_2、CH_4 及其他碳氢化合物，以及一些气体的同位素（^{13}C、$^3He/^4He$ 等）。但这些气体的成因和来源具有多样性，既可能来自于地球深部放气，也可能是浅部化学、生物、放射造成，所以在实际应用中应注意甄别。

1）剖面布设方法

京津冀山前冲洪积平原区活动断裂地球化学探测勘探线布设首先在综合分析已有地质、物探工作成果的基础上，查明断裂的总体展布方向和规模，勘探线要尽可能垂直活动断裂走向进行布设，并且在断裂的地表垂直投影点附近加密点距测制。另外还应与其他勘探手段的测线或测点保持重合，达到多种手段勘测结果相互验证的效果。

2）断裂定位

活动断裂的断层气探测时，首先在综合分析已有地质、物探工作成果的基础上，初步确定断裂的地表垂直投影点位置，然后监测断层带上放射性气体（如 Rn、Hg 等气体）含量变化，最后再根据地球化学测量结果进一步筛选活动断裂带上的放射性气体异常值区段，从而进一步确定活动断裂的出露位置。

目前利用断层气测量数据，再根据结果中出现的异常值来判定活动断层位置还没有统一标准。一般做法是，首先需要确定异常值，借用每条测线断层气的均值作为背景值，超过背景值可以作为断层气正异常值。综合区域上活动断裂的相关断层气测量经验成果，一般正异常值集中于断裂处和断裂边部下降盘，因此可以作为判定活断层存在与否的具体标志（图 3-14）。

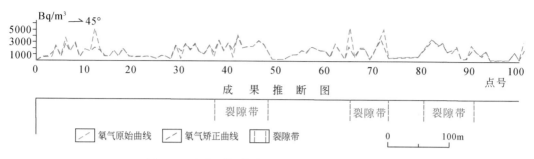

图 3-14 氡气测量曲线异常与活动断裂位置推断图

3）断裂活动强度判断

综合断层气与断裂关系调查研究显示，断层气测量不仅可以作为活动断裂判断的一个重要依据，还可以作为判断其活动强度的重要标志。一般来说，断层气释放越多，意味着断裂活动强度越大。根据王基华等人的研究成果，利用相对活动强度法来判定断裂活动强度，即：相对活动强度 = 异常最高值 / 背景值。由此可见，相对活动比值越大，活动性越强，反之亦然。但是考虑到断裂性质、沉积物类型、土壤含水性等影响因素，目前仅通过断层气释放极值数值来判断断裂活动强度还需进一步验证。

8. 钻探

钻探工作是在活动断裂地球物理探测的基础上，通过施工钻探来系统对比研究第四纪沉积演化特征进而对断裂进一步精确定位，最终确定活动断裂的活动上限点位置（上断点）。具体工作方法为：按精度要求，分别在断裂两盘部署钻探，保证钻孔穿透地球物理探测中所确定的断面，并对第四纪地层分层及年龄进行特殊详细的划分和取样，确定断裂错动次数、错动序列变化及最后一次活动年龄、位移量等参数，研究古地震错动序列及其重复间隔等。

9. 槽探

槽探工作主要用于精确定位活动断裂地表的出露位置及活动断裂带宽度，查明古地震事件及古地震活动历史。探槽编录过程中需要对断裂错动序次、断距变化特征、古构造楔、古崩积楔和古充填楔等断层充填物，古液化、古地裂缝等遗迹及其相互关系特别加以识辨和记录，以此重点分析距今 20000 ～ 30000 年以来的断裂突发错动历史、年龄及重复间隔。如夏垫断裂施工探槽揭露了 14000 年活动断裂周期及古地震事件（图 3-15）（冉勇康等，1997）。

10. 活动断裂定时

活动断裂的年代精确测定是晚第四纪活动构造定量研究的关键问题之一，通常可以采用测定断层面充填物（碳屑、钙质结核等）的封闭年龄、断层面穿切过的最新地质体年龄来限定断裂的最晚一次活动时限。目前已应用的方法有碳十四（^{14}C 和 $AMS^{14}C$）、热释光（TL）、光释光（OSL）、电子自旋共振（ESR）、裂变径迹（FT）、钾－氩 (K-Ar) 和氩－氩（Ar-Ar）、铀系 (U 系)、宇宙成因核素（$^{10}Be/^{26}Al$）等同位素年代学方法。另外还包括

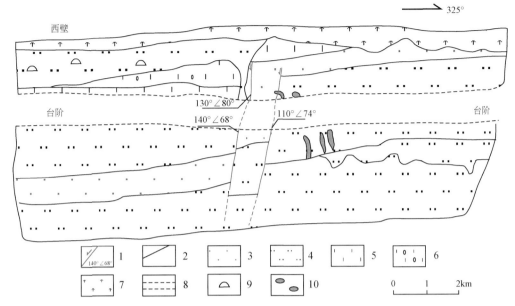

325°

西壁

130°∠80°
140°∠68°   110°∠74°

台阶   台阶

| | 1 | | 2 | | 3 | | 4 | | 5 | | 6 |
| | 7 | | 8 | | 9 | | 10 | 0   1   2km |

图 3-15   夏垫 – 马坊断裂浅部探槽揭露示意图（据冉勇康等，1997 修编）

1. 断层及产状；2. 地层界线；3. 细砂；4. 粉砂；5. 黏土；6. 含砂砾黏土；7. 耕植土；8. 探槽剖面台阶；9. 碎砖块；
10. 黏土和粉砂团块

磁性地层学、孢粉分析和岩石漆等方法，其测定精度范围及适用条件详见表 3-5，其各自测年方法的原理和具体测年技术可参阅相关文献。

表 3-5   活动断裂测年方法及要求

测年方法	测年范围 /a	采样介质	采样要求
^{14}C 和 AMS ^{14}C	$300 \sim 4 \times 10^4$	木头、木炭、泥炭、淤泥、古土壤、贝壳、珊瑚、钙质结核、碳酸盐类沉积物、水中碳酸氢根等	防止现代植物根系、死碳和有机物污染，样品量 500g，AMS ^{14}C 需要 $1 \sim 5mg$
TL 和 OSL	$10^2 \sim n \times 10^5$	各种黏土或粉砂级曾被充分曝光的风积物、湖相、河流相、海相、洪积相、冰水相沉积物或曾经历过高温的古陶片、古砖瓦、古窑壁、火山喷发物或烘烤物、断层泥等	严禁曝光或水分丢失，样品及周缘 30cm 范围内岩性均一。应尽量采集块状（8cm×8cm×8cm）样品，避光密封包装；对于松散样品，可用易拉罐或铁罐避光密封包装，记录样品埋深
ESR	$10^2 \sim 10^8$	各种盐类（碳酸盐、硫酸盐、磷酸盐等）、断层物质（断层泥、断层充填物如方解石脉）、火山岩、动物化石（如牙齿、贝壳等）和各类沉积物	断层泥应采集滑动面上的样品；采样后应避免水分丢失
FT	$10^4 \sim 10^9$	磷灰石、锆石、榍石、云母、火山玻璃、玻璃陨石	所采样品尽量新鲜，样品量 2kg 左右，同时记录所采样品的海拔和埋深。岩浆岩类最好选择中、酸性岩，沉积岩类选择砂岩、细砂岩

测年方法	测年范围 /a	采样介质	采样要求
K-Ar 和 Ar-Ar	$10^4 \sim n \times 10^9$	火成岩全岩或角闪石、云母、长石等单矿物以及黏土矿物中的伊利石	尽量在新开挖的剖面采样，样品要新鲜无蚀变。采集的样品要进行薄片鉴定。尽量选取单矿物，不能选矿的样品（如玄武岩）要去掉其中的包体和橄榄石、辉石、斜长石等斑晶。黏土矿物要选取其中 <1μm 的部分，并利用 X 射线衍射和电镜确定其中主要成分是自生的伊利石
U 系	$n \times 10 \sim 4 \times 10^5$	断层中各种填充物如石英脉、方解石脉、石膏脉及其他次生盐类，各种地貌面上的次生盐类如钙质结核、泉华、硅华等，地下含水层中发育的碳酸盐（如钙板），盆地中发育的石膏层、石盐，年轻火山岩以及地层中生物壳类和动物骨骼如牙齿等	$10 \sim 50g$
宇宙成因核素（^{10}Be/^{26}Al）	$10^2 \sim 10^6$	石英或伟晶岩等含石英的全岩	裸露地表的基岩或石英质砾石，一般采集大砾石

五、基岩地质调查

（一）调查内容及要求

京津冀山前冲洪积平原区基岩地质调查主要依靠地球物理勘探和钻探方法进行，主要调查内容为概要查明区内隐伏基岩的岩性特征、时代归属、分布范围，利用收集到的物探、钻探资料修正基岩地质构造，重新编绘基岩埋藏等深线，形成 1 ∶ 100000 ～ 1 ∶ 50000 基岩地质图。

采取的技术路线为：系统收集调查区内已有的区域地质、钻孔、物探等资料，在分析研究已有资料的基础上，补充少量物探工作。建立调查区基岩综合柱状图，进行调查区内基岩地层对比，结合物探资料解释结果建立地质剖面；依据钻孔揭露地层、物探推断的构造线，结合地质剖面的地质界线垂直投影来确定平面地质界线，从而完成调查区基岩地质构造图的修编工作（图 3-16）。

（二）技术方法有效组合选择

京津冀山前冲洪积平原区基岩地质调查主要依靠地球物理勘探和钻探方法进行，其中地球物理探测工作主要是利用区域航空磁测、区域重力测量、大地电测深和地震探测等手

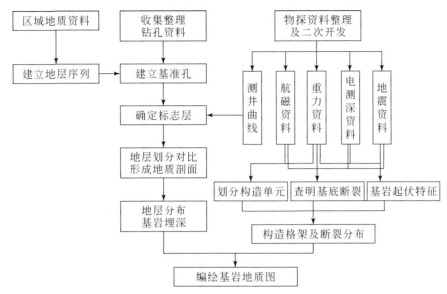

图 3-16　基岩地质调查工作流程图

段对覆盖层之下基岩地质体埋深、基底构造单元分布、基岩面起伏和基底断裂等特征进行调查。开展各项地球物理工作之前，应系统统计区域上岩石物性参数。根据前人区域地质资料：①本区岩石磁参数统计结果分析，古元古界和太古宇的磁化率 K 值为（1020～1870）$\times 4\pi \times 10^{-6}$SI，剩余磁化强度（$J_r$）为（620～940）$\times 10^{-3}$A/m，$J_r$ 与 K 的比值仅在1附近变化，在磁场上可引起100nT异常值。其次为侏罗纪的安山岩，磁化率 K 值为 $1200 \times 4\pi \times 10^{-6}$SI，剩余磁化强度为 2750×10^{-3}A/m，J_r 与 K 的比值为4.5，当其有一定厚度时，亦可产生磁异常。其他地层属无磁性或弱磁性，仅能出现很小的弱磁场及负磁场。②本区各岩土体的电阻率显示，元古宇白云岩、灰岩及古生界寒武系、奥陶系的白云岩、灰岩电阻率值最高，其范围 500～4000Ω·m；古生界及时代更新的砂页岩系次之，一般 20～200Ω·m；新生界的砂岩、黏土等电阻率最低，其范围值多为 5～30Ω·m。③本区各岩土体的弹性波速度统计表明，元古宇及古生界白云岩、灰岩波速值最高，一般范围 5000～6800m/s；古生界及中生界砂页岩系次之，一般 3000～5600m/s；新生界的砂岩、黏土等波速最低，其范围值多为 1350～3000m/s（表3-6）。基岩地质调查中的钻探则主要通过收集区内石油钻孔、地热钻孔、水文钻孔等不同类型深孔资料，参考区域地层资料（范立新，2010），进而划分区内岩石地层单位。

1. 重力勘探

重力勘探是一种传统的地球物理勘探手段，它是以地壳中岩矿石等介质密度差异为基础，通过测量地面某点的重力加速度值来对产生异常的地壳深部构造进行研究的方法。实际工作中重力剖面测量要根据工作需要按照一定的点距垂直重力梯级带走向进行部署，通过软件对布格异常进行处理，从而对基底断裂构造进行精准定位。野外具体工作方法参考《物化探工程测量规范》（DZ/T 0153—2014）、《全球定位系统（GPS）测量规范》（GB/

T 18314—2009）和《大比例尺重力勘查规范》（DZ/T 0171—2017）等技术规范。

表 3-6　京津冀山前冲洪积平原区主要岩石类型物理参数表

地层代号	岩性描述	密度/(g/cm³)	磁参数				电阻率/(Ω·m)	弹性波速度/(m/s)
			磁化率（K）		剩余磁化强度（J_r）	Q		
			10^{-6}CGSM	$4\pi \times 10^{-6}$SI	10^{-3}A/m			
Q	黏土	2.05	0～40	120	60	—	10～30	1350
	砂						50～200	2000
N₂m	泥岩、砂	2.11	20	60	6	—	8～15	1920～3000
N₁g	砾岩	2.19						—
E₃d	砂、泥岩	2.2					<5	—
E₃s	砂、泥岩	2.41						
K	陆相碎屑岩、火山岩	2.46	—	—	—	—	—	—
J	砂页岩	2.58	0～20	160	540	—	50～260	3000～3800
	安山岩		1000	1210	2750	4.5	—	—
C+P	砂页岩	2.6	0～100	30	0	—	50～200	3000～4000
	煤		—				20～200	—
Є+O	白云岩、灰岩	2.68	0～14	140	220	—	500～1000	4600～5600
	页岩		—				30～120	
Pt₂₋₃	白云岩、灰岩	2.72	0	1630	745	0.9	500～4000	5000～6800
	砂页岩		—				50～250	
AR	片麻岩	2.6	—	1350	810	1.2	—	
	混合岩			1020	620	1.0		
	麻粒岩			1870	940	1.0		

注：Q = 剩余磁化强度 / 感应磁化强度。

1）面积性重力勘探

充分收集前人各种比例尺区域性航空磁测和重力测量数据，根据工作需要也可部署

1：50000 比例尺的区域重力和磁力测量，并利用软件对上述重力、磁力数据重新处理、反演，旨在大致查明基岩面埋深、基底构造单元分布以及隐伏地质体大致分布等特征。

（1）基底面起伏调查。根据获得的不同比例尺重力测量数据统一计算处理编制布格重力异常图，采用优选向上延拓法保持深源部分不变，浅源部分向上延拓，进而分离出区域异常。在此基础上去除背景值编制剩余重力异常图。以区内水文钻孔、地热钻孔等深部钻孔资料作为标定，利用剩余异常确定基岩埋深特征，编制新生界底界等深图等图件。

（2）基底断裂调查。布格重力等值线或剩余布格重力等值线的疏密分布特征可以作为基底断裂的判断依据，断裂一般多处于沿走向延伸的等值线密集带或水平总梯度图上的正、负极值带上。当断层直立时，重力水平梯度极值对应断层位置，当断层倾斜时，重力水平梯度极值向断层倾向偏移。此外等值线在某一方向上被错断，也是判断断裂存在的重要标志。

2）重力剖面测量

重力剖面测量野外工作方法依据《大比例尺重力勘查规范》（DZ/T 0171—2017）等技术操作，对获取的原始数据资料进行数据处理，根据地层不同岩石密度差异，分析研究区重力异常的成因规律，遵循由露头区推向覆盖区的数据处理原则。在了解各主要密度界面的起伏形态及分布情况前提下，提取与断裂有关的地质信息。具体推断解释方法如下：

（1）依据重力场的特征对深部构造进行分区。

（2）利用图像及水平总梯度处理技术进行断层异常提取与识别。

（3）充分利用已有资料进行约束、标定，构造密度模型，进行 2.5D 正反演；运用合理有效的场分离技术，从布格重力异常中校正掉浅层重力影响，达到提取深部重力异常的目的。

（4）在已知资料的约束下，以剖面反演技术为主，进行人机交互重力联合反演，按剖面反演结果与界面反演相结合的原则，制作密度界面埋深图。

（5）由于地层间存在一定的密度差，因此将通过滤波、局部异常反演、向下延拓与二阶导数相结合进行局部构造预测研究。

2. 磁法勘探

1）航空磁力测量

（1）工作方法概述。航空磁力测量简称航磁测量是将航空磁力仪及其配套的辅助设备装载在飞行器上，在测量地区上空按照预先设定的测线和高度对地磁场强度或梯度进行测量的地球物理方法。与地面磁测相比具有较高的测量效率，且不受水域、沼泽、沙漠和高山的限制。同时由于飞行是在距地表一定高度进行的，因此能够更加清楚地反映出深部地质体的磁场强度。第四系覆盖区地质填图主要是利用 1：50000 或 1：10000 航测资料进行区域断裂和隐伏岩体的解译。野外工作方法依据《航空磁测技术规范》（DZ/T 0142—2010）等技术规范。

（2）数据处理与图件编制。对获得的航空磁力测量数据进行处理，编制航磁 ΔT 异常图、航磁 ΔT 异常化磁极图，在此基础上确定航磁异常边界，圈定磁性体范围，计算化磁极异常的水平梯度，应用连续磁性界面反演方法和磁异常全梯度模的深度标定法，编制调查区航磁推断磁性体深度图。根据深部钻孔的验证结果，进一步查明磁性体的时代和分布范围；根据磁力正负异常梯度带，大致确定区域断裂的位置。

2）大地电磁测深

（1）工作方法概述。大地电磁测深（MT）法是利用天然交变电磁场入射大地，在地下以波的形式传播，采集电磁数据来反演地下不同深度介质电阻率分布信息的一种电磁测深方法。在大地电磁测深法的基础上，研发的音频大地电磁测深法（AMT）和由人工供电产生音频电磁场的可控源大地电磁测深法（CSAMT），都有很好的应用前景。此类方法具有成本相对较低、垂向分辨率较高、抗高阻层屏蔽影响等优点，最大缺点是易受电磁干扰，在市区等强干扰区难以获得优质原始资料。该方法主要用于查明基底断裂位置、产状，勾勒隐伏基岩面埋深情况。

（2）数据推断解释。利用大地电磁测深数据进行断裂解释的地球物理基础为断裂两侧不同岩石之间由于成分、矿物结构和构造所造成的电阻率差异，因此断层两侧地层错动或断层层面附近出现断裂破碎带，电阻率断面上相应表现为电阻率梯级带，或断面附近出现相对低阻带，据此可判断地层变化和断层存在，进一步根据电阻率变化趋势及方位大致判断断裂的产状。

以北京地质调查研究院 2007 年施工的 K_2 剖面为例，K_2 剖面 CSAMT 反演电阻率断面图显示，断面内反演电阻率曲线基本为 AA 型或者 HAA 型，除了局部低阻中出现相对高阻外，-500m 以上总体为相对低阻，-500m 以下随着深度增加电阻率随之升高。分别在50 号测点和 220 号测点附近出现电阻率横向间断现象，推断此处电阻率间断为断层，分别编号为 F_{21} 和 F_{22}，见图 3-17，这两条均为正断层，两断层倾向南西。另外据电阻率推断

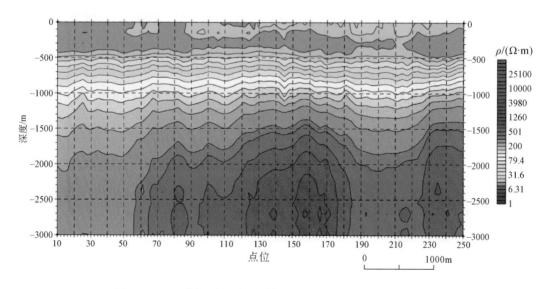

图 3-17　K_2 可控源大地电磁测深（CSAMT）法电阻率断面图

第四系（Q）以下分别为新近系（N）、古近系（E）、蓟县系（Jx）、长城系（Ch）、太古宇 (Ar)，第四系厚约500m，新近系厚约200m，古近系厚约300m，蓟县系厚约600m，长城系厚约1000m，太古宇顶面埋深2000~2500m（图3-18）。

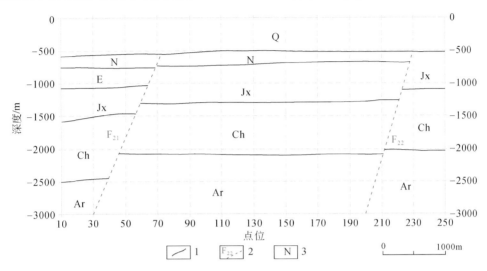

图 3-18 K₂剖面地质推断解释图（据北京市地质调查研究院，2013b）

1. 地层界线；2. 推测断裂；3. 地层代号

3. 地震勘探

1）工作方法概述

地震勘探是指人工激发所引起的弹性波利用地下介质弹性和密度的差异，通过观测和分析人工地震产生的地震波在地下的传播规律，推断地下岩层的性质和形态的地球物理方法。在平原地区，地震勘探作为精度最高的地球物理方法用于划分不同反射界面（如 T_0，T_1，…，T_g），基岩地质调查则通过分析对比地震剖面与地震 T_g 构造图来确定前新生代基底埋藏深度、接触面起伏特征及基底断裂位置、产状和断距等特征。

2）基底断裂判断

（1）连续可追踪的特征波组同相轴突然中断；

（2）连续可追踪的特征波组同相轴，两边同相轴倾角突然变化，或两边同相轴同相差异错断；

（3）连续可追踪的特征波组在深度上连续逐渐降落，并存在较大落差，反映断层倾角较小或断层较陡，但测线本身与断层夹角较小；

（4）断层两边反射波特征有明显不同或波组数量不同；

（5）断层绕射波使同相轴拉长或零乱中断。

4. 钻探

1）资料收集与整理

钻孔资料是揭示第四系覆盖区基岩地层、地质构造最直接的依据，也是验证各种地球物理勘探反演结果的最可靠途径，因此系统收集、整理钻孔资料尤其是基岩钻孔对调查区基岩地质调查至关重要。主要工作内容为收集区内石油钻孔、地热钻孔、水文钻孔等不同类型深孔资料。参考区域地层资料，划分区内岩石地层单位；其次要与区域航磁、重力成果进行对比验证，确立基岩埋深及精细刻画隐伏基岩的岩性分布特征。

2）地层划分对比

（1）标准孔建立。标准孔作为在某一地层分区内地层划分对比的标准，应具备地质编录完整、岩心（屑）采取率高、揭示地层序列齐全、可对比性强的特点。除此之外还应配合有测井曲线、薄片鉴定等资料，便于以此为标志进行区域对比。

（2）标志层划分。利用筛选的钻孔进行地层划分对比首先要确定标志层，本次工作的标志层选取由岩性特征、古生物组合和电测井曲线形态来确定，具备以下特点：①岩性、结构、沉积构造、古生物等特征明显，便于辨别；②地层分布广泛、沉积层序相对稳定；③与上下层位整体特征区别明显。

（3）区域对比。利用京津冀平原区隐伏基岩的部分地层标志层特征（表3-7），划分相邻的基岩钻孔对应井段的地层归属及时代，从而建立"系"级或"组"级组成的钻孔联合剖面，进行区域地层划分对比（图3-19）。

表 3-7　工作区隐伏基岩部分地层标志层特征表

地质时代		岩石地层	标志层	生物特征	测井曲线特征
古生代	石炭纪	本溪组（C_2b）	黑色页岩夹煤		视电阻率值近于0、自然伽马曲线高幅多峰
	奥陶纪	冶里组（O_y）	顶部泥晶、泥质灰岩层位	腹足类、笔石	自然伽马值突然升高，出现升高的3个小峰，组成1个峰簇
	寒武纪	炒米店组（$\hat{\mathbb{C}}_4^{\wedge}c$）	顶部砾屑灰岩、薄层泥晶泥质灰岩	笔石、三叶虫	放射性出现3～4个逐渐降低的小峰组，峰簇结束处为奥陶纪与寒武纪地层分界线
		张夏组（$\hat{\mathbb{C}}_3^{\wedge}z$）	鲕状灰岩	三叶虫	
新元古代	青白口纪	景儿峪组（Qbj）	蛋青色泥灰岩		视电阻率值自下而上逐渐近于0，自然伽马放射性曲线平直稳定
		龙山组（Qbl）	海绿石砂岩		自然伽马放射性曲线高幅震荡
中元古代	待建纪	下马岭组（Pt_2^3x）	灰黑色、绿灰色页岩，粉砂质页岩，上部夹砂岩	古藻类	视电阻率值近于0，自然伽马放射性曲线出现大段高幅值，且底部均有突出高值段
	蓟县纪	洪水庄组（Jxh）	灰黑色页岩	古藻类碎片	自然伽马放射性曲线呈高幅值和宽峰状

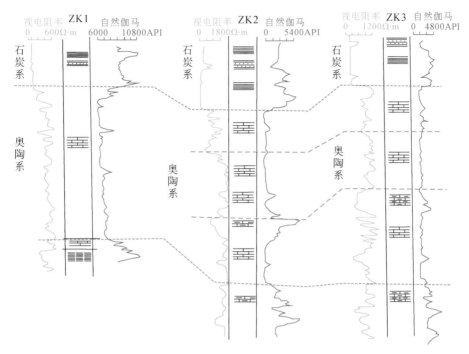

图 3-19　基岩钻孔地层标志层视电阻率、自然伽马曲线特征对比图

（据北京市地质调查研究院，2013b 修编）

第五节　综合研究与成果出版

综合研究与成果编审是利用野外调查阶段已经取得的各类原始资料进行室内研究，形成最终成果性认识的工作阶段。一般包括利用标准孔系统研究调查区第四纪地层结构、进行多重地层划分对比；综合地表调查成果分析地质地貌演化过程、沉积模式；通过各类地、物、化、遥等资料总结归纳调查区的基岩地质及构造等特征。在上述工作基础上完成最终成果报告编写。除此之外，还包括完成 1：50000 第四纪地质图、1：50000 基岩地质图以及各类专题型图件的编制工作。包括室内综合整理与分析、成果图件编制、报告编写和数据库建设与三维地质结构建模四个环节，具体工作内容及要求如下。

一、室内综合整理与分析

室内综合整理与分析要求全面整理各种岩石、化石、测年样品及其他标本，陈列有代表性的标本，供成果编图和编写报告时参考。主要技术人员应对重要的实物标本、化石等进行进一步观察鉴定，加深认识。整理分析各种松散沉积物样品的分析测试鉴定报告并编制成册，对需要总结提升的分析结果进行必要的数据处理和计算，形成综合性图件和成果图，以及报告所需的插图、插表。以古生物鉴定和同位素年龄测定结果为基础，结合野外地质体交切关系确定第四纪地层时代、沉积序次，进行详细划分和对比，并择其典型作为报告编制的基础素材。重点对新构造、活动构造现象进行分析研究，建立完整的构造格架。系统整理野外调查过程中发现的地裂缝、砂土液化、固废堆积点、地表水体污染点等典型环境地质观察点，总结其分布规律和诱发因素，为成果报告编写提供基础资料。

二、成果图件编制

（一）第四纪地质图

1. 表达内容

第四纪地质图作为某一地区第四纪地质综合研究的最终表现形式，是进行第四纪各类专题研究的重要基础。因此，第四纪地质图表达方式将直接影响着下一步成果的提升，随着国民经济发展和社会需求的不断增加，第四纪地质服务领域也在不断扩大，诸如工程地质、环境地质、灾害地质及可持续发展等问题都与第四纪地质密切有关，人类社会对第四纪地质工作者提出了新的更高要求。然而，第四纪地质图对表层地质体的表达已经难以满足人们了解地下沉积层物质结构、沉积时代和沉积岩层形态的需求。因此，只有填绘编制出质量更高、内容更全面、适用范围更广的第四纪地质图，才能为社会和国民经济的发展更好地服务。

传统 1∶50000 第四纪地质图一般以基础地质内容为主，也可将地貌图与第四纪地质图二者合而为一，编绘第四纪地质与地貌图。但无论是哪种表达方式，反映的多仅限于浅地表第四纪地层的成因、时代、厚度等内容，表现形式相对比较单一，而且实用性也较差。

通过对国内外覆盖区第四纪地质图表达方式的广泛调研，认为随着社会需求的增加以及传统地质科学向地球系统科学研究观念的转变，尤其是近年来"大地质，大生态""向地球深部进军""透明地球"等地质新理念的提出，建议地质图在反映区域性第四纪地质框架、构造背景的同时，第四纪地质图应优先侧重于地质结构、沉积环境演变等内容的表达，还应与环境地质、工程地质紧密地结合，表达更多应用性、实用性的内容，诸如地灾分布、环境污染、旅游资源等内容，以辅助性图件的形式表达。

2. 编制原则及方法

第四纪地质图面表达要采用主图与系列辅图组合的方式表达不同层次的第四纪地质信息，其中主图集中表现调查区第四纪基础性、区域性地层、构造等地质内容，辅图是对主图的辅助解释、提升和扩展。

1）主图

第四纪地质图主图以表达地表松散沉积物的时代、成因类型、沉积相、岩性、厚度等为主，岩性通常用花纹符号表示即可。成因类型在单色图上用英文字母斜体符号表示，如单成因的代号为 *al*—冲积层、*pl*—洪积层、*dl*—坡积层等，混合成因用两种代号的组合表示，如冲 - 洪积物则表示为 *apl*，在地质图赋色上，年代越老，颜色越深，参照《地质图用色标准及用色原则（1∶50000）》（DZ/T 0179—1997）等规范标准执行。

2）辅图

辅图作为主图的辅助性图件分布于其周围，一般包括标准孔多重地层划分对比柱状图、图切剖面图、图例、岩相古地理图等图件。

（1）标准孔多重地层划分对比柱状图

标准孔多重地层划分对比柱状图是根据图幅内标准孔的详细编录内容及测试资料综合确定的，表达图幅内松散层各填图单元之间的时序特征及纵向叠置关系，以及部分填图单元之间的侧向相变特征。图中表达的内容应突出填图单元的岩性、岩性组合等特征，具体内容视松散沉积物的岩性类型而定。

标准孔多重地层划分对比柱状图的格式：填图单元以岩石地层单位为主，一般表达标准孔多重地层划分对比的内容，其表头结构如图3-20所示。

图3-20 标准孔多重地层划分对比柱状图结构

（2）图切剖面图

地表起伏线的确定：首先确定剖面的起始点，选择绘制剖面的钻孔，并对位于剖面线两侧距离在1km范围内（稀疏地段可以放宽）的钻孔进行投影。如钻孔已有高程测量数据，则直接利用钻孔高程值，如果钻孔没有高程测量数据，则在1∶50000地理底图上读取高程点和高程线，沿剖面线插值确定。对于阶地、残山、河宽应按比例尺绘制。

剖面底部边界的确定：首先充分利用收集的钻孔并结合物探成果编绘第四纪地层厚度等值线图，该图作为绘制第四纪地层底界的基础。在沿剖面的钻孔中，如果钻孔揭穿了第四纪地层，以钻孔数据为准，在钻孔稀疏的地带，则以已经完成的厚度等值线数据为准插值确定。

剖面比例尺的确定：图切剖面的平面精度为1∶50000，垂向表示精度为1∶5000～1∶2000，具有特殊意义的地质体扩大表示。

孔间地层连接：京津冀山前平原区是由山前多个互相联结的冲洪积扇组成，由于经历了多期冲洪积作用的叠加作用，因此在扇顶、扇中、扇缘及河流的不同沉积部位具有复杂的沉积规律。根据区域资料及本次工作总结孔间地层连接方法为：在同一个冲洪积扇内，具有由单层到多层、由单韵律到多韵律变化的规律，根据沉积旋回规律可以将相同岩性相连；对于扇缘地带，多个冲洪积扇多相互交错，岩性层互相叠置。在透镜体的处理上，由于垂向比例尺（1镜体的处理）和横向比例尺（1和横向比例尺）的差别，厚层比薄层尖灭得快，同样厚度，粗层比细层尖灭得快。在冲洪积扇顶部，透镜体尖灭得快，粗粒多。越往冲积扇边缘，透镜体延伸得越远。具体绘制时，可以根据横向的对比确定透镜体延伸的距离。

交叉部位地层的一致性处理：在剖面的交叉部位，如果有钻孔则以钻孔实际地层为准。如果没有钻孔，则根据两条剖面两侧钻孔的岩性资料先行绘制，后期再进行调整。或者在交叉部位先虚拟一个钻孔，并保持钻孔岩性的一致性。

（3）图例编绘

在图廓右侧放置图例，凡主图与辅助图系中所表示的地质内容（含花纹、符号）均应有图例，与图中完全吻合。按照《区域地质图图例（1：50000）》（GB/T 958—2015）编制，标准中没有相应图例的可根据实际情况设计新的花纹、符号。

图例编排顺序自上而下为填图单元符号→成因（沉积相）符号→松散层岩性花纹→其他地质符号。填图单元符号按照由新到老的顺序排列；成因（沉积相）符号依据由陆至海的顺序排列；松散沉积物岩性花纹根据粒度由细至粗（泥→砂→砾石）排列；其他地质符号主要包括地层界线、岩相（岩性）界线、地灾符号等。

（4）其他辅图

其他辅图（角图）可以根据主图周围空白位置灵活摆放，一般包括各重要时段的岩相古地理图、三维地质结构等图件，其各自编制方法均在本书的相应章节内容中，不再赘述。

（二）基岩地质图

1. 表达内容

基岩地质图的表达内容包括隐伏基岩的埋深、隐伏地质体的分布特征、岩性、地层划分、时代，隐伏断裂的构造特征、空间延伸、构造边界等内容。

2. 编制原则及方法

京津冀山前冲洪积平原区的基岩地质图是在分析前人研究成果的基础上，综合基岩钻孔资料、物探重磁异常解译成果，成图比例尺一般选择为 1：50000，是按照"实测＋推断"相结合的方法重新编制的综合性成果图件。首先根据基岩钻孔确定基岩岩石地层单位，根据物探解译推断地层接触关系，主图按照传统的基岩区 1：50000 区域地质图进行布置，主图之外还需要突出以钻孔－物探综合剖面来表达隐伏基岩地质体的垂向变化特征，在钻孔资料充分的基础上建立完整的地层综合柱状图，以此表达沉积演化旋回。

（三）专题地质图

1. 表达内容

专题地质图主要表达调查区重要的实际应用问题和科学问题等内容，并注重针对性，是对地质图信息的进一步综合分析与扩展。如活动断层分布图、农业规划建议图等。

2. 编制原则及方法

专题地质图的编制是在充分收集水、工、环资料的基础上补做部分必要的工作，以第四纪地质图所表达的地层、构造等基础地质内容为背景，在实用性和应用性方面做专业拓展，编制能满足具体需求的图件，可进一步细分为第四纪专题地质图和基岩专题地质图。

1）第四纪专题地质图

首先以第四纪地质图为基础，针对沉积环境演化、砂土液化地质灾害、活动断裂等不同专题方向和社会需求，可编制第四纪不同时期岩相古地理图、全新世砂土液化分布图、活动断裂分布图等专题系列图件。

2）基岩专题地质图

以编制的1：50000基岩地质图为基础图件，可以根据城市规划部门、自然资源部门对城市地下空间开发、资源勘查的具体需求，相应编制工作区地壳稳定性评价图、地下热水分布图、优质矿泉水分布图等专题系列图件。

三、报告编写

报告编写应在室内综合整理研究的基础上进行，内容要求系统全面、重点突出，力求做到实用性与科学性相结合。对基础地质、环境地质等特征的总结不仅要符合精度要求，还要从地球系统科学的整体性反映图幅区域地质、环境地质等的总体研究水平。此外报告编写还应做到内容真实、文字通顺、主题突出、层次清晰、图文并茂、各章节观点统一协调，着重突出调查所取得的实际资料及进展成果。分幅区域地质调查说明书，文图应精练，突出反映本图幅区域地质构造特点等。区域地质调查报告可参照《1：50000覆盖区区域地质调查工作指南》所列提纲编写，并根据京津冀山前冲洪积平原区特点进行补充完善。

四、数据库建设与三维地质结构建模

（一）数据库建设

京津冀山前冲洪积平原区第四纪地质填图的资料准备—设计编写—野外地质调查—最终成果输出全程采用数字地质调查系统（DGSData）完成，有效实现了对各类数据的一体化描述、存储和组织。基于这种全数字化的工作流程，数据库建设不再是与整个地质调查流程隔离的独立建库工作，而是地质调查不同工作阶段的组成部分之一。每一个阶段的数据库都是来自前一个工作阶段数据库，而又是下一个工作阶段数据库继承的基础(图3-21)。根据数据获取的方法，把数据分为原始数据（原始采集部分）和成果数据（地质图）两大部分。根据项目任务书要求，依据《数字地质图空间数据库》（DD 2006—06）等相关标准，在原始资料数据库基础上，分幅建立了1：50000地质图空间数据库。

1. 原始资料数据库

1：50000区域地质调查原始资料可分为数字填图资料、数字剖面资料及第四系钻孔资料三类，其中1：50000数字填图资料按1：50000图幅所辖的1：25000图幅进行组织、存储；数字剖面资料及第四系钻孔资料按1：25000图幅进行存储。

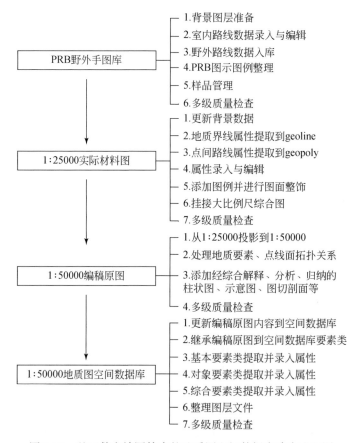

图 3-21 基于数字填图技术的地质图空间数据库建库流程图

1）数字填图原始资料

每个 1 ∶ 50000 图幅原始资料库均包含 1 ∶ 25000 图幅 PRB 库、实际材料图库、野外手图、背景图层、样品数据库等数字填图原始资料数据库。其中野外手图库存储野外地质路线各类地质数据，是最重要的野外第一手原始资料数据库。单条野外手图路线库均由 Images（存储照片）、Note（存储 xml 文档及 txt 文本）、素描图（存储素描图）3 个文件夹，9 个野外路线实体观测数据点线采集层（表 3-8），ATTNOTE.WT（产状标注）、GPTNOTE.WT（地质点标注）、SAMNOTE.WT（样品编号标注，没有样品的除外）3 个标注图层，野外设计地质路线 (GROUTE.MPJ)、以路线编号为文件名（L××××.MPJ）的工程文件及地理背景图层等组成。图幅 PRB 库文件类型及文件名与野外手图库完全一致。实际材料图库继承 PRB 库野外路线实体观测数据点、线采集层及标注图层，同时自动生成 GEOLABEL.WT（点）、GEOLINE.WL（线）、GEOPOLY.WP（面）3 个文件。背景图层存储地理底图数据，主要包括地理信息、水系、交通、居民地、境界、地形等要素。样品数据库存储图幅不同类型样品，分为样品采集库、送样库和测试鉴定成果库三类，数据存放在 RgSample.MDB 数据库中。

表 3-8 野外数据实体表

PRB 过程	实体名	实体编码	单位	描述
野外数据采集	地质路线	GROUTE	条	顺序号，图幅编号，☆图幅名称，☆路线号，日期，天气，路线描述，目的任务，手图编号，记录者，同行者，摄像者，路线总结
	地质点（P）	GPOINT	个	顺序号，☆图幅编号，☆路线号，☆地质点号，经度，纬度，高程，纵坐标，横坐标，地理位置，露头性质，点性，微地貌，风化程度，岩性 A，岩性 B，岩性 C，岩性代码 A，岩性代码 B，岩性代码 C，地层单位 A，地层单位 B，地层单位 C，接触关系 AB，接触关系 BC，接触关系 AC，描述，国标码，日期，地质点描述文件名
	分段路线（R）	ROUTING	条	顺序号，☆路线号，☆地质点号，☆点间编号，填图单位，日期，分段路线距离，点间累计距离，路线方向，备注，分段路线描述文件名
	点间界线（B）	BOUND-ARY	条	顺序号，图幅编号，☆路线号，☆地质点号，☆B 编号，☆R 编号，纵坐标，横坐标，高程，经度，纬度，右边地质体，左边地质体，界线类型，走向，倾向，倾角，接触关系，国标码，备注，日期，点间界线描述文件名
	产状	ATTITUDE	个	顺序号，图幅编号，☆路线号，☆地质点号，☆点间编号，☆产状编号，产状类型，纵坐标，横坐标，经度，纬度，高程，走向，倾向，倾角，国标码，日期
	样品	SAMPLE	件	顺序号，图幅编号，☆路线号，☆地质点号，☆点间编号，☆野外编号，☆样品类别，纵坐标，横坐标，经度，纬度，地理位置，采样深度（cm），样品重量（kg），袋数，块数，采样人，日期，填图单位，野外定名，鉴定定名，送样单位，分析要求，备注，国标码
	素描	SKETCH	个	顺序号，图幅编号，☆路线号，☆地质点号，☆点间编号，☆素描编号，纵坐标，横坐标，经度，纬度，素描名称，比例尺，素描说明，国标码，日期，素描图文件夹
	照片	PHOTO	个	顺序号，图幅编号，☆路线号，☆地质点号，☆点间编号，☆照片编号，纵坐标，横坐标，经度，纬度，照片序号，镜头方向，国标码，日期
	卫星定位	GPS	个	纵坐标，横坐标，经度，纬度，高程，时间，☆路线号

2）数字剖面库

数字剖面库数据按 1：25000 图幅进行组织，以剖面编号为文件夹进行存储，野外实测地质剖面数据采集项模型包括实测剖面信息实体属性表 (SECTION)、剖面导线测站实体属性表（SURVEY）、剖面分层数据实体属性表 (SLAYER)、剖面采样数据实体属性表 (SSAMPLE)、剖面产状数据实体属性表 (SECATT)、剖面照片实体属性表 (SPHOTO)、剖面化石实体属性表 (SFOSSIL)、剖面分层描述实体属性表 (LAYNOTE)、剖面素描图实体属性表 (SKETCH)、剖面地质点实体属性表 (GPOINT) 等内容。各属性表数据项名称和描述内容 DGSData 有具体约定，按技术要求准确定义并填写。剖面柱状图、剖面图、剖面小结等均按系统自动生成的文件名及根据需要自定义文件名进行存储。

3）第四系钻探工程数据库

第四系钻探工程数据库以 1：25000 图幅组织，储存在数字填图目录下第四系钻孔文件夹中，在勘探线（KT×）目录下以钻孔编号为文件名分别存放各钻孔数据，每个钻孔包括 EngDB（存放钻孔信息）、Histogram（钻孔柱状图）及 IMAGE（岩心照片）3 个文件夹。各属性表数据项名称和描述内容 DGSData 有具体约定，按技术要求准确定义并填写。钻孔柱状图、钻孔小结等均按系统自动生成的文件名及根据需要自定义文件名进行存储。

2. 空间数据库

地质图空间数据库包括基本要素类、综合要素类、对象类和独立要素类数据集。其中要素类数据集是共享空间参考系统的要素类的集合，在地质图数据模型中，由地质点、线、面实体类构成。对象类是一个表，存储非空间数据，在地质图数据模型中，一般一个要素类对应多个对象类。以本次试点工作的 1 ：50000 大厂回族自治县幅（J50E001012）为例，各图幅对应的要素类和对象类见表 3-9、表 3-10。

表 3-9　地质图空间数据库要素类和对象类一览表

基本要素类		对象类		综合要素类		独立要素类
名称及标准编码	实体个数	名称及标准编码	说明	名称及编码	说明	名称及编码
地质体面实体（_GEOPOLYGON.wp）	996	沉积（火山）岩岩石地层单位（_Strata）	包括：Qh_1^{lfl} 早全新世湖积物、Qh_3^{1al-fp} 晚全新世晚期一段冲积物河漫滩微相、Qh_3^{1al-ML} 晚全新世晚期一段冲积物牛轭湖亚相、Qh_3^{2al-fp} 晚全新世晚期二段冲积物河漫滩微相、Qh_3^{2al-ML} 晚全新世晚期二段冲积物牛轭湖亚相、$Qh_3^{2al-rfl}$ 晚全新世晚期二段冲积物河漫湖沼微相、Qh_3^{3al-bb} 晚全新世现代冲积物边滩沉积微相、Qh_3^{3al-fp} 晚全新世现代冲积物河漫滩微相、Qh_3^{3al-RB} 晚全新世现代冲积物河道亚相、Qp_3^3x 晚更新世西甘河组共计 10 个地层单位	标准图框（_MAP_FRAME.wl）	标准图框内图框4线，属性相同	接图表（_Map_Sheet）
地质（界）线（_GEOLINE.wl）	1741					图例（_Legend）
产状（_ATTITUDE.wt）	0					综合柱状图（_Column_section）
样品（_SAMPLE.wt）	0					钻孔注释（A_DRILLHOLE）
素描（_SKETCH.wt）	162					图切剖面（_Cutting_profile）
照片（_PHOTOGRAPH.wt）	187					测年注释（A_ISOTOPE）
同位素测年（_ISOTOPE.wt）	2	断层（_Fault）	按构造纲要图断层编号提取，本图幅共 1 条			责任表（_Duty_Table）
钻孔（_DRILLHOLE）	42	脉岩（面）（_Dike_Object）				第四系厚度（BURIED_DEPTH） 引线（A_GEOLINE）
河湖海岸线（_LINE_GEOGRAPHY.wl）	1782	面状水域和沼泽（_Water_Region） 图幅基本信息（_Sheet_Mapinfo）	从标准图框中提取			角图类 见表 3-10

表 3-10 地质图空间数据库独立要素类角图名称及编码一览表

名称	编码	名称	编码
岩相古地理	LITHOFACIES_PALAEOGEOGRAPHY	第四纪沉积结构栅状图	DESPOSITION_GRID
槽型钻柱状图	GROOVE_DRILL	大地构造单元位置图	GZDYHF
砂土液化图	SAND_LIQUID	3D 模型	3D_MODEL
基岩地质图	MAP_BEDROCK	中国地质调查局徽标	logo

从各表中看出，不同图幅由于地质内容有别，对应的地质图空间数据库要素类和对象类亦不尽相同。其中独立要素类属地质图廓外相关内容，不带属性。除上述各要素图层外，另有断层齿、地质体面实体引线、地质体代号、岩性花纹、产状标注、同位素年龄值、图切剖面线及标注等没有属性内容的地质整饰图层。此外，尚有等高线、交通、居民地、境界等相关地理底图图层等。地质图基本要素类、综合要素类和对象类各数据项属性见表3-11。

表 3-11 地质图空间数据库数据集属性定义表

数据类型	名称	标准编码	数据项属性
基本要素类	地质体面实体	_GeoPolygon	地质体面实体标识号，地质体面实体类型代码，地质体面实体名称，地质体面实体时代，地质体面实体下限年龄值，地质体面实体上限年龄值，子类型标识
	地质（界）线	_GeoLiNE	要素标识号，地质界线（接触）代码，地质界线类型，界线左侧地质体代号，界线右侧地质体代号，界面走向，界面倾向，界面倾角，子类型标识
	样品	_Sample	要素标识号，样品编号，样品类型代码，样品类型名称，样品岩石名称，子类型标识
	照片	_Photograph	要素标识号，照片编号，照片题目，照片说明，子类型标识
	素描	_Sketch	要素标识号，素描编号，素描题目，素描说明，子类型标识
	同位素测年	_Isotope	要素标识号，样品编号，样品名称，年龄测定方法，测定年龄，被测定出地质体单位及代号，测定分析单位，测定分析日期，子类型标识
	河、水库岸线	_Line_Geography	要素标识号，图元类型，图元名称，子类型标识
综合要素类	标准图框（内图框）	_Map_Frame	图名，图幅代号，比例尺，坐标系统，高程系统，左经度，下纬度，图形单位
对象类	沉积（火山）岩岩石地层单位	_Strata	要素分类，地层单位名称，地层单位符号，地层单位时代，岩石组合名称，岩石组合主体颜色，岩层主要沉积构造，生物化石带或生物组合，地层厚度，含矿性，子类型标识

续表

数据类型	名称	标准编码	数据项属性
对象类	断层	_Fault	要素分类代码，断层类型，断层名称，断层编号，断层性质，断层上盘地质体代号，断层下盘地质体代号，断层破碎带宽度，断层走向，断层倾向，断层面倾角，估计断距，断层形成时代，活动期次，子类型标识
	面状水域	_Water_Region	要素分类代码，图元类型，图元名称，图元特征，子类型标识
	图幅基本信息	_Sheet_Mapinfo	地形图编号，图名，比例尺，坐标系统，高程系统，左经度，右经度，上纬度，下纬度，成图方法，调查单位，图幅验收单位，评分等级，完成时间，出版时间，资料来源，数据采集日期

3. 数据库提交需说明事项

（1）按中国地质调查局《地质信息元数据标准》（2006）分幅提交了元数据（格式为 .xml 或 .txt），元数据采集使用统一的采集软件。

（2）数据库数据格式为 MapGIS 格式，格式版本为 MapGIS 6.7。

（3）数据投影参数。坐标系类型：投影平面直角。椭球参数：国家 2000 大地坐标系。投影类型：高斯－克吕格投影（5 度分带第 20 带）。数据单位：mm。数据比例尺：原始数据为 1：25000，地质图及其他成果数据比例尺为 1：50000。

（4）系统库：建库使用数字填图系统 2014 版本（DGSData）统一的系统库。

（5）界线线型：数据库中要求第四纪地层与基岩之间为不整合接触，但是对于第四系专项调查研究中，第四系内却没有明确的规定，导致系统出现错误。为此，人为采取一些线型来标示地质图，具体标注已在地质图图例中说明。

（6）色系：根据行标《地质图用色标准及用色原则（1：50000）》（DZ/T 0179—1997），对于第四系专项调查来说，在没有基岩出露的地层，充填颜色色标太过狭窄，为此，人为增大第四系用色的谱系范围，具体色号以数据库标示为准。

（7）数据库提交目录组织见表 3-12。

表 3-12　数据库目录组织结构表

一级目录	二级目录	三级目录	四级目录	五级目录及文件		说明	
DGS-Data	J50F×××××（1：25000图幅号）	数字填图	图幅PRB库	Route.MPJ		图幅 PRB 库工程文件及图层	
				NOTE	CHECK.wb	存储 xml 文档及 txt 文本	质量检查记录
			实际材料图	Geology.MPJ		实际材料图工程文件及图层	
			采集日备份	L102（路线号）	按路线备份，其数据未解压还原	由 CF 卡路线工程备份	

续表

一级目录	二级目录	三级目录	四级目录	五级目录及文件		说明
DGS-Data	J50F××××××（1：25000图幅号）	数字填图	第四纪钻孔	KT×		按钻孔号存储数据
			野外手图	L102（路线号）		野外路线采集数据群
			背景图层			地理底图数据
			样品数据库	RgSample.MDB		包括样品采集库、送样库、测试结果数据库
		数字剖面	PM06（剖面号）section.dbf			按剖面号存储剖面数据
	J50E××××××（1：5万图幅号）	数字填图	编稿原图			此图为1：50000编稿地质图，是1：50000地质图空间数据库建库基础图件，属1：25000万实际材料图合并、整理、编辑形成
			地质图空间数据库			地质图空间数据库群

4. 存在的问题及建议

1）第四纪地层接触关系

在地质界线类型标准库中，第四系与其他地层接触以及第四系内部接触关系均为不整合。而在实际填图中，第四系内部之间可能无地层缺失，也无构造运动，为整合接触关系；在进一步将第四纪地层细化中，可能存在岩相界线或者沉积相变接触。建议 DGSS 修改地质界线标准库中关于第四系界线类型的设定。

2）断层

DGSS 系统中断层默认线型为红色实线，代表实测断层。在填图中断层常有隐伏断层、解译断层、推测断层等，均用实线表示将无法区分，也与国标不符，建议标准库中增加不同类型断层的线型。此外，在第四系填图中断层归属图层尚无规定（基岩区填图中断层放在 GEOLINE 中参与拓扑，并作为对象类提取）。建议根据断层的资料来源在成果数据库下新增地球物理推断线性构造图层（GravMageneticLinear.WL）进行属性录入，并在工程中保留以便图面表达。

3）样品数据库

第四系填图中进行的沉积物粒度分析、古地磁分析、扫描电镜等在 DGSS 样品数据库中无对应的数据表，建议在 RgSample.MDB 中增加相应的送样单及分析结果表。

4）成果数据

水文地质、工程地质、环境地质调查情况作为第四系调查的重要成果在 DGSS 中无处体现，例如含水层情况、地裂缝分布、固废污染分布等。建议在成果数据中新增水文地质、工程地质、环境地质相关成果图层。

（二）三维地质建模

京津冀山前冲洪积平原区第四纪地层受强烈的构造控制，因此在数据准备完成以后，一定要根据地貌、地球物理及浅层地震等特征，找准断层的具体空间位置、发育阶段及切割关系，这样建立的三维模型才具有真正的实用价值。现阶段可用于三维地质建模的软件较多，包括 GOCAD、MapGIS K9、3DMine、Petrel 等，其建模方法及流程存在差别，现就常用的第四纪三维地质模型建立方法详述如下。

1. 浅表沉积物及地形三维属性模型构建

由于浅表信息更易获取，地质点的部署能达到 $1.5 km^2/$ 点的精度，使建立高精度的浅表三维地质模型成为可能。基于槽型钻浅表填图成果，提取每个槽型钻的 X 坐标、Y 坐标、分层深度、岩性，生成三维空间岩性点，在此基础上选择合适的模拟方法，生成岩性三维属性模型；根据地形图数据及 DEM 数据及其点位坐标，建立三维空间地形图，如果平原区地形差异较小，可以适当垂向增益，凸显地貌特征。

2. 第四纪松散层三维模型构建

第四纪松散层三维模型构建的主要数据源是第四纪地质钻探资料，根据三维地质模型表达内容的不同，将第四纪松散层三维模型分为第四纪地层岩性模型、第四纪地层等时界面模型及第四纪岩相模型。

第四纪地层岩性模型的主要目的是揭示岩性的三维空间分布。基于对钻孔岩性的原始描述，采用合适的三维属性模拟方法，建立第四纪三维地层岩性模型。

第四纪地层等时界面模型主要表达的是不同时期地层界面的起伏及地层厚度的空间变化。基于第四纪地层划分对比研究，将第四纪地质钻探按照地层划分方案进行分层，必要时，在地层界面起伏较大区域，可添加虚拟钻孔，采用合适的插值方法，模拟各地层界面的起伏，最终与模型边界共同形成第四纪地层实体模型。

第四纪岩相模型主要用以揭示不同沉积相的空间展布，可直观表达不同地质时期沉积古地理的特征。首先对所有岩相按照海相＞陆相的顺序，将岩相排序，赋予代号，在第四纪地质钻孔联合剖面的基础上，对每个钻孔进行岩相特征的分层，即对每个钻孔进行岩相标准化，最后采用合适的三维属性插值方法，建立第四纪岩相模型。

3. 基底界面三维模型

京津冀山前冲洪积平原区由于大部分基底埋深较大，直接揭露基底埋深的钻孔数量有限，因此基底界面的三维模型应以区域地球物理资料解译为主，相对于浅表和第四纪地层，其建模精度更低。对于基底垂向上的构造分层特征是在分析深部岩石地层密度参数的基础上，结合地震勘查获取的地质界面顶、底特征，建立重力 - 地震联合反演剖面初始模型，结合钻孔揭露、以往资料及地球物理测井，对初始模型中界面的分布位置及埋深加以修正，再通过测井测量的物性数据进行人机交互计算，获取剖面反演图，解释深部重大地质界面的位置及埋深。

第二部分　河北 1 ： 50000 大厂回族自治县等 3 幅平原区填图实践

第四章 项目概况

伴随着我国社会经济的快速发展，1：50000 区域地质调查已经由传统的基岩区地质找矿向平原区、海岸带等特殊地质地貌区为国家提供空间开发、生态环境治理、城市建设等全方位服务转变。2014 年由中国地质调查局牵头，中国地质科学院地质力学研究所负责实施的"特殊地区地质填图工程"正式开展，其项目之一的京津冀山前冲洪积平原区1：50000 区域地质填图专题研究工作，旨在充分融合多学科，充分利用地、物、化、遥等各种先进的现代化技术手段，以期转变地质填图工作思路，创新成果表达方式，探索总结冲洪积平原区1：50000 填图技术方法体系，从而扩大地质调查成果的服务领域，为京津冀协同发展、生态文明建设提供基础地质支撑。

河北1：50000 大厂回族自治县（J50E001012）、三河县（J50E001013）、渠口镇（J50E002013）三幅第四系覆盖区地质填图是《京津冀山前冲洪积平原区1：50000 填图方法指南》的依托项目，属于特殊地区地质填图工程下设的"特殊地质地貌区填图试点"二级项目，由中国地质科学院地质力学研究所负责实施，由河北省区域地质调查院承担。项目着重从第四纪地质地貌调查、活动断裂调查、基岩地质调查、三维地质结构、成果图件表达等方面进行方法总结，工作起止时间为 2016～2018 年。

第一节 交通位置及自然经济地理概况

一、交通位置

工作区隶属河北省三河市、大厂回族自治县、香河县，北京市通州区及天津市蓟州区、宝坻区管辖。地理坐标范围：北纬 39°40′00″～40°00′00″，东经 116°45′00″～117°15′00″，总面积 1200km²。包含三个标准国际分幅：J50E001012（大厂回族自治县幅）、J50E001013（三河县幅）、J50E002013（渠口镇幅）。

区内交通发达。京哈铁路在测区北部通过，京哈（G1）、环京（G95）高速从本区中南部通过，国道 102、103 也横穿本区，加上一系列的省道和地方公路，构成了四通八达的交通网络（图 4-1）。根据铁道第三勘察设计院发布的环评报告，京唐城际铁路经由燕郊镇、大厂县、香河县穿越本区。

图 4-1　工作区交通位置图

1.县（区）/乡（镇）；2.铁路；3.省级以上公路；

4.一般公路；5.运河/河流；6.工作区

二、自然地理及经济概况

工作区地处燕山南麓，华北平原北端，地势北高南低，为典型的缓倾斜冲积平原。本区属暖温带亚湿润气候区，四季分明，寒暑悬殊，雨量集中，干湿期分明。年平均气温约 12℃，年最高气温多出现在 6 月，平均每年气温超过 35℃的酷热日达 18 ～ 25 天。年平均降水量为 580.60mm。年平均无霜期为 205 天。区内气候条件总体较好，温度适宜，日照充沛，热量丰富，雨热同季，适合多种农作物生长和林果种植。潮白河、沟河为境内主要河流，属海河水系。潮白河自北西向南东穿越本区，于天津汇于海河。

工作区主要农作物有小麦、玉米、花生和瓜果蔬菜等，工业有电子制造、机械制造、化工、家具、建材等。高新技术产业已成为三河市重要的特色产业，其中燕郊镇经济技术开发区更是享有"京东硅谷"之称；大厂回族自治县供应了北京中高档宾馆消费量 70% 的牛羊肉；而香河县目前已发展成为全国第三、北方最大的家具集散地。特殊的地理位置，使香河县被誉为"北京的后花园"，河北省将其视为"经济特区"。

第二节　目 标 任 务

一、总体目标任务

按照 1 ： 50000 区域地质调查有关规范和技术要求，系统收集区内已有地质、遥感、物探、化探、钻探、地震等资料，采用数字填图技术，针对平原区特点，选择有效可行的技术方法组合，开展平原区 1 ： 50000 地质填图试点，查明区内第四纪地质结构和活动断裂构造特征，为京津冀协同发展过程中的重大工程建设、城市规划和生态环境保护等方面提供基础地质资料。借鉴国内外第四纪地质填图经验，探索平原区第四纪地质填图方法，研究总结适合平原区 1 ： 50000 地质填图的技术方法和成果表达方式，为相关指南编制提供依据。完成填图面积 1200km²。重点加强以下几方面工作。

（1）查明第四纪松散沉积物的组成、成因、分布、时代及地层划分标志，建立工作区第四纪地质结构，分析工作区第四纪地貌及岩相古地理特征等。

（2）开展综合物探剖面调查并结合钻探验证，查明区内活动构造的空间展布规律、活动性及其时限等特征，调查其与地质灾害的关系。

（3）调查区内晚第四纪不同地质地貌单元分布、时代和演化过程等，查明其与土壤类型、生态环境的关系，为生态文明建设提供基础资料。

（4）调查总结区内水文地质、工程地质、环境地质、灾害地质等地质背景。

（5）总结平原区 1：50000 地质填图技术方法和成果表达方式。

科技创新目标：融合多学科、多手段，创新并总结平原区填图内容、填图技术方法及图面表达方式。

二、年度工作任务

1. 2016 年度工作任务

进行资料收集、遥感解译、野外踏勘，提交年度工作方案；完成 1：50000 遥感地质解译 $1200km^2$，1：50000 区域地质填图面积 $500km^2$；对平原区填图技术方法和年度工作进行总结，并提交相应总结和进展报告；2016 年年底提交总体工作设计。

2. 2017 年度工作任务

进行资料收集、遥感解译、野外踏勘、设计编制，完成 1：50000 区域地质填图面积 $400km^2$；对平原区填图技术方法和年度工作进行总结，并提交相应总结和进展报告。

3. 2018 年度工作任务

进行资料收集、遥感解译、野外踏勘、设计编制，完成 1：50000 区域地质填图面积 $300km^2$；对平原区填图技术方法和年度工作进行总结，并提交相应总结和进展报告；提交河北 1：50000 大厂回族自治县（J50E001012）、三河县（J50E001013）、渠口镇（J50E002013）幅区域地质调查报告、分幅地质图及说明书。

三、预期成果

（1）提交河北 1：50000 大厂回族自治县（J50E001012）、三河县（J50E001013）、渠口镇（J50E002013）三幅第四系覆盖区地质调查报告、基岩地质图、分幅地质图及说明书。

（2）提交平原区 1：50000 区域地质填图技术方法总结报告。

（3）按中国地质调查局《地质图空间数据库建设工作指南》、《数字地质图空间数据库标准》（2006）的要求，提交数字区域地质调查系统原始数据资料（含实际材料图数据库，钻孔、物探剖面等资料）、最终成果图件空间数据库和报告文字数据。

第三节　工作部署及实物工作量

一、浅表地质填图

1：50000 地质填图由南往北逐步推进，分三个年度实施，共完成 3 个标准国际图幅。2016 年填制渠口镇幅（J50E002013）及三河县幅（J50E001013）南部地区，面积约 500km²；2017 年填制三河县幅（J50E001013）剩余部分以及大厂回族自治县幅（J50E001012）西南部区域，面积约 400km²；2018 年填制大厂回族自治县幅（J50E001012）剩余部分，面积约 300km²（图 4-2）。

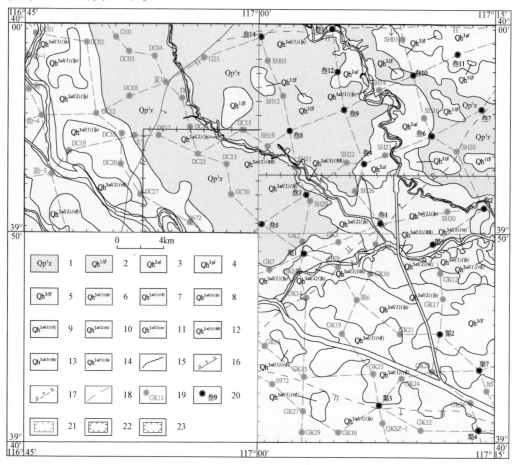

图 4-2　工作区工作部署图

1. 晚更新世西甘河组；2. 全新世早期湖沼积；3. 全新世中期冲积物；4. 全新世晚期洪积物；5. 全新世晚期湖沼积；6. 全新世晚期冲积物 – 河漫滩；7. 全新世晚期冲积物 – 河漫湖沼；8. 全新世晚期冲积物 – 河漫滩；9. 全新世晚期冲积物 – 河漫湖沼；10. 全新世晚期冲积物 – 天然堤；11. 全新世晚期冲积物 – 决口扇；12. 全新世晚期冲积物 – 河床亚相；13. 全新世晚期冲积物 – 边滩；14. 全新世晚期冲积物 – 河漫滩；15. 地质界线；16. 第四纪活动正断层；17. 第四纪隐伏正断层；18. 联孔剖面线；19. 可利用前人钻孔；20. 本次施工钻孔；21.2016 年工作区；22.2017 年工作区；23.2018 年工作区

二、第四纪地质钻探

根据研究区目标任务，在充分收集工作区已有钻孔基础上，部署第四纪地质钻探工作。将钻孔分为三类，分别为标准孔（揭穿第四系）、控制孔（100m）、构造观察孔（50m）。首先综合考虑不同构造单元及均匀分布，在每个构造单元、每个图幅均部署一个穿透第四纪地层钻孔，即标准孔，系统采集样品，加强对不同构造单元的第四纪的研究；同时根据收集到可利用钻孔情况，结合钻孔联合剖面部署控制孔；同时为加强活动断裂研究，在断裂两侧部署构造观察孔。本项目共施工 26 个，其中标准孔 3 个，控制孔 19 个，构造观察孔 4 个，根据目标任务分年度实施，总进尺 2968m（表 4-1）。

表 4-1　本项目施工钻孔一览表

序号	钻孔名称	钻孔坐标		设计孔深 /m	完工孔深 /m	钻孔性质	施工年度
		X	Y				
1	渠1	504142.25	4409223.90	100.00	100.00	控制孔	2016
2	渠2	516450.08	4402159.94	100.00	100.00	控制孔	2016
3	渠3	511021.09	4395656.81	100.00	100.00	控制孔	2016
4	渠4	519992.03	4393656.18	100.00	100.00	控制孔	2016
5	渠5	515778.38	4410095.83	100.00	100.00	控制孔	2016
6	渠6	508929.07	4405132.98	200.00	402.60	标准孔	2016
7	渠7	520042.96	4398962.44	100.00	100.00	控制孔	2016
8	叁1	511051.48	4411919.28	100.00	100.00	控制孔	2017
9	叁2	520401.38	4413299.79	100.00	101.00	控制孔	2017
10	叁3	504315.54	4414441.26	100.00	102.00	控制孔	2017
11	叁4	509539.45	4417173.72	100.00	101.00	控制孔	2017
12	叁5	500324.80	4411824.84	100.00	100.00	控制孔	2016
13	叁6	515656.45	4419678.93	100.00	100.00	控制孔	2016
14	叁7	520130.33	4422020.18	100.00	101.00	控制孔	2017
15	叁8	502806.56	4420090.30	100.00	101.00	控制孔	2017
16	叁9	507693.09	4421965.20	250.00	251.80	标准孔	2017
17	叁10	513930.51	4425039.84	100.00	101.00	控制孔	2017
18	叁11	517922.59	4426922.14	100.00	100.00	控制孔	2017

序号	钻孔名称	钻孔坐标		设计孔深 /m	完工孔深 /m	钻孔性质	施工年度
		X	Y				
19	叁 12	507093.98	4425319.48	100.00	101.00	控制孔	2017
20	叁 13	506631.89	4429240.01	100.00	101.20	控制孔	2017
21	叁 14	500201.23	4428393.27	100.00	101.20	控制孔	2017
22	大 1	488659.44	4419668.88	200.00	203.00	标准孔	2018
23	渠 8	503599.81	4405669.12	50.00	50.00	构造观察孔	2018
24	渠 9	503673.32	4405536.95	50.00	50.00	构造观察孔	2018
25	渠 10	510981.43	4395491.21	50.00	50.00	构造观察孔	2018
26	渠 11	510974.63	4395534.27	50.00	50.00	构造观察孔	2018

三、地球物理勘查

项目地球物理勘查工作部署的主要目的是了解基岩构造形态、基岩面起伏、松散层地层结构等，以及对活动断裂进行探测，主要采用工作方法包括 1 ：50000 重力剖面测量、浅层人工地震等工作手段。特别是活动断裂的研究采用综合方法，遵循"由深及浅、上断点接力"的工作思路，采用"深层地震→浅层地震→断层气测量→钻探验证"由深部至浅部再至地表的层级递进方法进行，本次共完成 1 ：10000 重力剖面 101.35km，浅层地震 1907 点。同时根据钻探工作，安排了多参数综合测井 2750m。

四、主要实物工作量

本项目核心任务是针对京津冀山前冲洪积平原区地质地貌特点，选择有效可行的技术方法组合，开展平原区 1 ：50000 地质填图，查明区内第四纪地质结构和活动断裂构造特征，在此基础上进行综合研究，建立钻孔联合剖面，建立不同深度的三维地质结构，编制不同期次的岩相古地理图，分析古环境演化过程。为京津冀协同发展过程中的重大工程建设、城市规划和生态环境保护等方面提供基础地质资料。

本项目主要采用的工作方法包括：遥感解译、地表调查、第四纪地质钻探、地球物理勘查、样品测试等，主要实物工作量：野外调查 1200km²，遥感解译 1200km²，地质钻探 2968m，综合测井 2750m，采集各类样品 3230 件（表 4-2）。

表 4-2 完成主要实物工作量汇总表

工作项目	计量单位	设计工作量				完成工作量	完成情况 /%
		2016 年	2017 年	2018 年	合计		
地质填图	km²	500	400	300	1200	1200	100
地质剖面	km	0.30	0.05	0.05	0.40	0.43	108
遥感解译	km²	1200				1200	100
地质钻探	m	800	1550	400	2750	2968	108
重力剖面	km	95	6.35		101.35	101.35	100
浅层地震	点	700	589	300	1589	1907	120
综合测井	m	1000	1550	200	2750	2750	100
氡气剖面测量	km	70			70	70.88	101
样品采集	件	1666	1067	323	3056	3230	106

第五章　浅表第四纪地质地貌调查

第一节　第四纪地貌调查

工作区位于华北平原北缘与燕山南坡的接壤处，地貌分区属于河北平原区（Ⅱ）-山前倾斜平原亚区（Ⅱ-1）。主要是由潮白河冲积体系和沟河冲积体系形成的冲洪积平原（图5-1）。工作区地形总的趋势为西北高、东南低。以香河一线为界，南东一带坡降小，河道频繁改道，主体由西北部的潮白河、沟河冲洪积倾斜平原组成，东南部的地势平坦，河流地貌发育，河道纵横，并遗留大量古河道，河流多次决口改道淤积，地貌类型多样。

本次工作以遥感解译为基础，共收集 MSS、TM、ETM、Landsat8、高分辨率 1 号和高分辨率 2 号等 6 种不同时相、不同传感器、不同空间分辨率的卫星遥感数据。除此之外为了更加清楚解译古河道等原始地貌信息，本次工作还收集了部分 20 世纪 60 年代航片，从宏观地貌和微观地貌两个层次进行了地貌遥感解译工作。

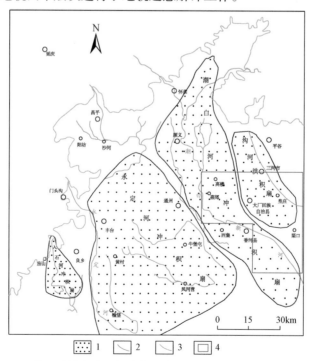

图 5-1　工作区及周边冲积扇分布示意图（据蔡向民等，2009a 修编）

1. 冲积扇；2. 水系；3. 冲积扇边界；4. 工作区范围

1. 宏观地貌解译

本次收集的 MSS 数据 431 波段合成假彩色影像，获取时间为 1981 年 12 月 11 日，虽然其分辨率较低，各种地物类型不是很明确，但人类活动改造痕迹较小，各种原始地貌信息得以保存，结合 Landsat8、高分 1 号和高分 2 号卫星遥感数据对冲洪积平原和河流等宏观地貌分布特征进行了解译，初步划分出冲洪积倾斜平原、洪积扇、古河道等宏观地貌单元（图 5-2），并归纳总结了每种遥感数据地貌解译的适用性（表 5-1）。

表 5-1　工作区地貌解译遥感数据利用一览表

遥感数据源	时相	波段 /μm		分辨率	人类活动改造情况	地貌解译效果		适用范围
						宏观	微观	
航片	1961 年				弱	可识别	清晰	微地貌、河流变迁洪泛事件
MSS	1981 年 12 月	绿（0.5～0.6）		79m	微弱	可识别	模糊	宏观地貌解译、构造划分、岩性粗略解译
		红（0.6～0.7）						
		近红外（0.7～0.8）						
		近红外（0.8～1.1）						
Landsat8	2015 年 2 月	海岸（0.433～0.453）		30m	强烈	难识别	清晰	人工地貌、土地规划
		蓝（0.450～0.515）						
		绿（0.525～0.600）						
		红（0.63～0.68）						
		近红外（0.845～0.885）						
		短波红外（1.56～1.66）						
		全色（0.50～0.68）		15m				
		卷云（1.36～1.39）		30m				
GF-1	2013 年 4 月	蓝（0.45～0.52）		8m	强烈	难识别	清晰	微地貌解译、土地规划
		绿（0.52～0.59）						
		红（0.63～0.69）						
		近红外（0.77～0.89）						
		全色（0.45～0.90）		2m				
GF-2	2014 年 8 月	蓝（0.45～0.52）		4m	强烈	难识别	清晰	微地貌解译、土地规划
		绿（0.52～0.59）						
		红（0.63～0.69）						
		近红外（0.77～0.89）						
		全色（0.45～0.90）		1m				

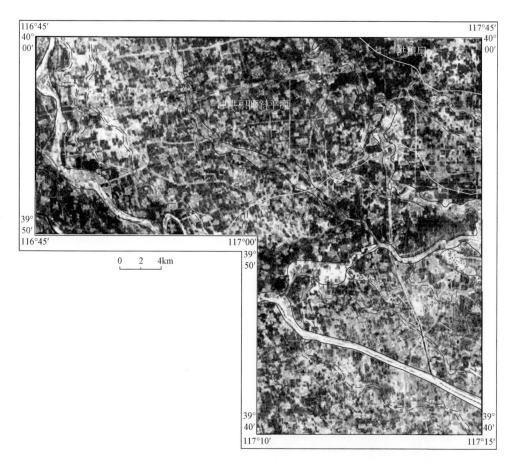

图 5-2　MSS 宏观地貌遥感解译图（红色为古河道，蓝色为现今河道带）

2. 微观地貌解译

本次工作收集到了渠口镇幅、三河县幅 20 世纪 60 年代初的航片数据，该数据虽然分辨率较高，但是色彩单一，由于拍摄时间较早，人类活动改造程度相对较弱，因此最大限度地保留了较多的原始地貌信息，其中尤以各时期古河道的地表残留特征，保留得较为完整。因此利用该套航片数据，重点对潮白河、沟河、鲍丘河的各时期古河道、决口扇、河漫滩等微地貌单元进行了解译（图 5-3）。

3. 地貌图编绘

通过野外实地验证对遥感地貌初步解译图修正，在此基础上进行详细解译，划分地貌单元，建立地貌遥感解译标志，编绘地貌图。共划分出洪积扇、冲洪积倾斜平原、河床、河流边滩、决口扇、河漫滩、岸后洼地、河间洼地、古河道、牛轭湖共 10 种地貌类型，建立了测区（微）地貌的解译标志（表 5-2，图 5-4）。

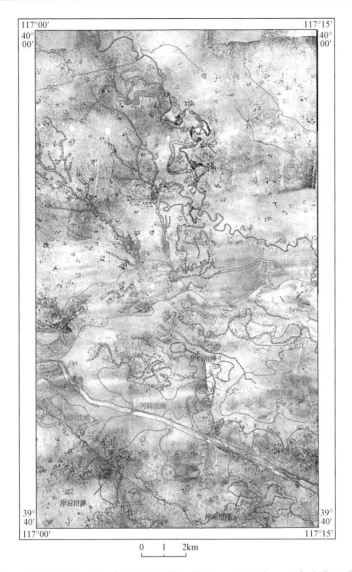

图 5-3 航片微观地貌遥感解译图（渠口镇幅、三河县幅；红色为古河道）

表 5-2 工作区地貌遥感解译标志

（微）地貌类型	解译标志	
	高分Ⅱ	航片
河道		

（微）地貌类型	解译标志	
	高分Ⅱ	航片
边滩		
决口扇		
河漫滩		
岸后洼地		
河间洼地		

续表

（微）地貌类型	解译标志	
	高分Ⅱ	航片
古河道		
牛轭湖		

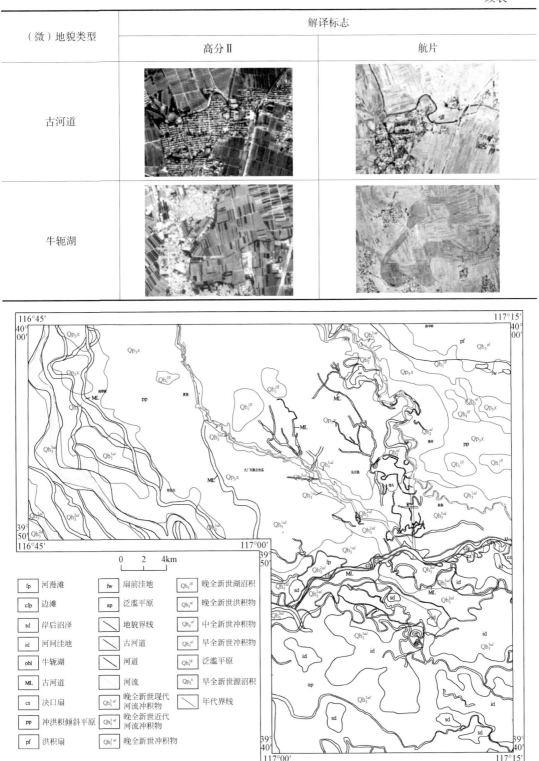

图 5-4　工作区第四纪地貌图

第二节　地表沉积物调查

一、路线地质调查

以本次工作为例，首先利用 TM5 数据进行遥感监督分类，根据分类特征对岩性进行初步划分，形成地表沉积物岩性分类图（图 5-5，图 5-6）。在此基础上布设野外地质观察路线，地质观察点尽可能利用地表已有沟渠断坎进行连续观测，对于没有明显地表露头的地方，采用地表浅钻进行有效揭露，深度控制在 3 ～ 5m，根据揭露的岩性修正地表沉积物岩性分类图（图 5-7）。

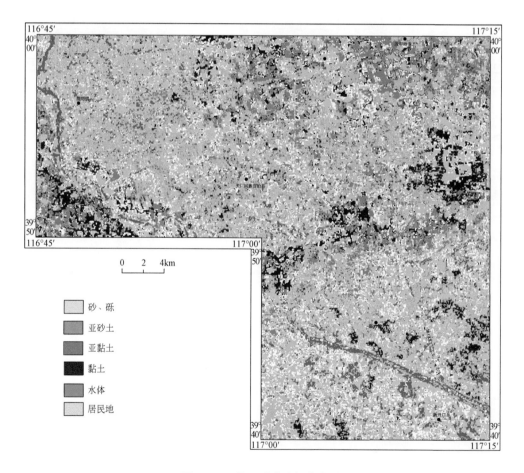

图 5-5　工作区遥感监督分类图

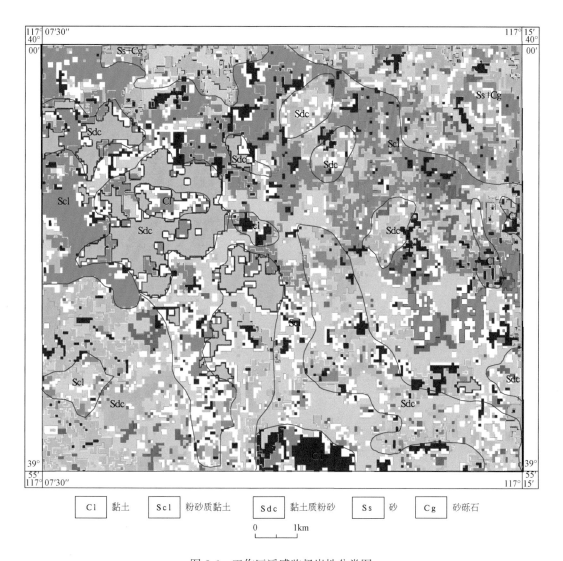

图 5-6　工作区遥感监督岩性分类图

二、填图单位划分

本次试点工作采用了"时代＋成因＋沉积相"的划分方案，将测区河流相沉积划分为曲流河相、洪积扇相，又将曲流河相细分为河床亚相（河床滞留微相、边滩微相）、堤岸亚相（天然堤微相、决口扇微相）、洪泛平原亚相（河漫滩微相、河漫湖沼微相）、牛轭湖及废弃河道亚相等 4 种沉积亚相及 6 种沉积微相。据上述划分原则，测区共划分了 19个填图单位（表 5-3，图 5-8，图 5-9）。

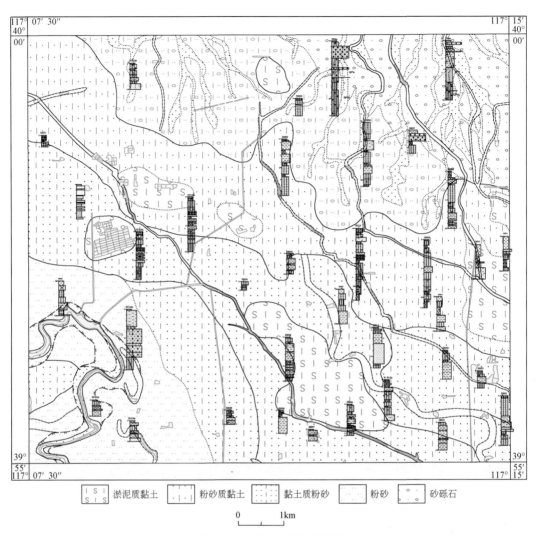

图 5-7　地表初步岩性岩相图

表 5-3　浅表第四系填图单位划分方案

时代		填图单位	成因	沉积相（地貌）			分布特征
				相	亚相	微相	
全新世	晚期	$Qh_3^{3al\text{-}bb}$	冲积	曲流河	河床	边滩	沿现代河道分布
		$Qh_3^{3al\text{-}RB}$			河床		
		$Qh_3^{3al\text{-}fp}$			洪泛平原	河漫滩	
		$Qh_3^{2al\text{-}rfl}$	冲积	曲流河	洪泛平原	河漫湖沼	沿潮白旧道（向东改道）分布
		$Qh_3^{2al\text{-}fp}$				河漫滩	
		$Qh_3^{2al\text{-}ML}$			牛轭湖		
		$Qh_3^{2al\text{-}cs}$			堤岸	决口扇	
		$Qh_3^{2al\text{-}nl}$				天然堤	

续表

时代		填图单位	成因	沉积相（地貌）			分布特征
				相	亚相	微相	
全新世	晚期	$Qh_3^{2al\text{-}fp}$	冲积	曲流河	洪泛平原	河漫滩	主体沿马家窝—捻头一线南东分布
		$Qh_3^{2al\text{-}rfl}$				河漫湖沼	
		$Qh_3^{2al\text{-}ML}$			牛轭湖		
		Qh_3^{pl}	洪积	洪积扇	洪积扇		太平庄至刘家顶一带扇状分布
		Qh_3^{lfl}	湖沼积		扇前洼地		刘家顶一带
	中期	$Qh_2^{al\text{-}ML}$	冲积	曲流河	牛轭湖		沿潮白河、沟河 II 级阶地分布
		Qh_2^{al}					
	早期	Qh_1^{lfl}	湖沼积		洪泛平原	河漫湖沼	沿早期洪泛台地分布
		$Qh_1^{al\text{-}ML}$	冲积	曲流河	牛轭湖		
		Qh_1^{al}					
晚更新世	晚期	Qp_3x	冲积	曲流河	洪泛平原		洪泛台地

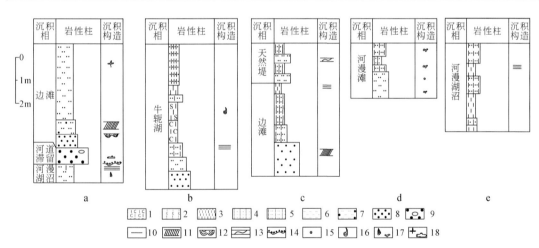

图 5-8　工作区不同沉积相垂向沉积层序

a. PM54 剖面河道滞留相（rr）、边滩相（bb）沉积层序；b. PM47 剖面牛轭湖相沉积层序；c. PM26 剖面边滩相（bb）、天然堤相（nl）沉积层序；d. D2039 点河漫滩相（fp）沉积层序；e. PM06 剖面河漫湖沼相沉积层序

1. 泥炭层；2. 淤泥质黏土；3. 黏土；4. 粉砂质黏土；5. 黏土质粉砂；6. 粉砂；7. 细粉砂；8. 砂；9. 含砾砂；10. 水平层理；11. 交错层理；12. 槽状层理；13. 爬升层理；14. 侵蚀面；15. 铁锰结核；16. 动物化石；17. 钙质结核；18. 植物化石

图 5-9　典型沉积构造特征

a. 河道滞留沉积含砾粗砂岩中的楔状交错层理（三河市大康庄）；b. 天然堤沉积的粉砂与粉砂质黏土互层（三河市南杨庄）；c. 牛轭湖沉积的泥炭层，水平层理（三河市不老淀村北）；d. 河漫湖沼沉积的水平层理（天津市蓟县归宁屯村）；e. 边滩上部沉积的小型槽状交错层理、爬升层理（天津市蓟县赵翰林庄）；f. 泛滥平原沉积薄层粉砂、黏土中的透镜状层理、脉状层理（三河市北陈庄村）；g. 河道滞留沉积的含砾粗砂岩，底部为侵蚀面（天津蓟县二郎庄）；h. 边滩沉积（下部）中砂中的板状交错层理（天津蓟县傅家屯）；i. 天然堤沉积粉砂中的波状爬升层理（三河南杨庄东）；j. 河漫滩沉积黏土质粉砂中的水平层理（香河县土堡子村东）；k. 边滩沉积（下部）中粗砂中的槽状交错层理（天津蓟县傅家屯）

第六章　第四纪松散层调查

第一节　第四纪多重地层划分对比

为了系统研究宝坻凸起上第四纪地层沉积物组成、沉积特征、沉积时代等问题，本次试点工作施工了渠 6 孔，该孔位于河北省香河县东北约 10km 的渠口镇西梨园村西，大地构造位置处于宝坻凸起西北部（图 6-1），钻孔所在地的第四系厚度根据地震资料推测在 200～300m 之间，与古地磁样品测试所确定的 M/G 界线较为一致。渠 6 孔平均岩心采取率为 87.9%，其中 0～325m 岩心平均采取率较高，达到 90% 左右，只是个别砂岩段较差，达到 80% 左右。325m 以下出现大量砂砾石层，岩心采取率较低，个别地段 70% 左右，可基本满足地质编录的需要。钻孔岩心编录、取样（包括古地磁测定、光释光测年、^{14}C 测年、粒度分析、孢粉分析和微体古生物等）完成情况见表 6-1。

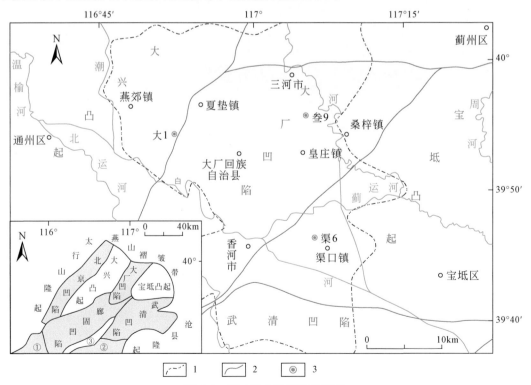

图 6-1　渠 6 孔大地构造位置图

1. 行政区边界；2. 构造单元边界断裂；3. 标准孔孔位

表 6-1　渠 6 孔设计工作量与实际完成情况对比表

工作内容	单位	设计工作量	完成工作量	完成率 /%
钻孔岩心编录	m	200	402.6	201.3
粒度分析	件	200	248	124
岩石化学全分析	件	50	81	162
稀土元素分析	件	50	81	162
微量元素分析	件	50	81	162
古地磁测定	件	300	465	155
^{14}C 测年	件	4	4	100
光释光（OSL）测年	件	6	7	116.67
微体古生物	件	40	45	112.5
孢粉分析	件	60	66	110
环境磁参数测定	件	300	465	155
岩矿鉴定	件	0	1	

一、地层划分

（一）岩石地层

京津冀山前冲洪积平原区更新世岩石地层划分存在较大分歧，全新世地层大多分布于河流的一级阶地和河漫滩上，沉积物的岩性、粒度、沉积旋回往复变化，可分程度差。前人所建立的全新世岩石地层，如肖家河组、尹各庄组、刘斌屯组、岐口组、高湾组和杨家寺组等大多是基于孢粉资料或者是 ^{14}C 来划分的，因此严格意义上是气候地层学单位或者年代地层单位，在野外的代表性和可分性均较差。基于此，笔者认为在现有研究程度和资料的完备程度上，本区全新世还不具备岩石地层划分的基础，故本次不进行岩石地层划分对比；更新世岩石地层曾先后出现了多种划分方案，同物异名、异物同名等混用现象十分严重（表 6-2）。

本次工作以沉积旋回作为划分"组"的前提，采用"岩性 + 颜色"来确立组的划分标志，参照钙质结核层、硬土层等重要参考标志层，暂将渠 6 孔第四纪更新世由老到新划分为饶阳组、肃宁组和西甘河组，其划分标志和岩性组合特征详述如下。

表 6-2　工作区第四纪地层沿革表

地质年代	年龄底界 /Ma	《河北第四纪地质》（陈望和和倪明云，1987）	《北京市地质志》（1991）	《天津市地质志》（1992）	《北京市幅1：25万区域地质调查报告》（北京市地质调查研究院，2002）	《国土资源大调查专题报告》（王强等，2003）	《天津市幅1：25万区域地质调查报告》（天津市地质调查研究院，2005）	本书
全新世	0.0117	岐口组（Q_4q） 高湾组（Q_4g） 杨家寺组（Q_4y）	刘斌屯组 尹各庄组 肖家河组	天津组（Q_4t）	8 个成因 – 地貌地质单元和 3 个成因地质单元	岐口组 高湾组	冲积、湖沼积、冲洪积和海积	19 个"时代 + 成因 + 沉积相（微地貌）"填图单位
晚更新世	0.126	欧庄组（Q_3o）上段	马兰组	塘沽组	马兰组（Q_3m）	欧庄组	西甘河组	西甘河组（Qp_3x）
中更新世	0.781	欧庄组（Q_3o）中段 / 下段	周口店组	佟楼组（Q_2t） 马棚口组（Q_2m）	周口店组（Q_2z）	欧庄组	肃宁组	肃宁组（Qp_2s）
早更新世	2.558	杨柳青组（Q_2y）上段 / 下段	泥河湾组	明化镇组（N_2m）	泥河湾组（Q_1n）	杨柳青组	饶阳组	饶阳组（Qp_1r）
上新世	5.3	固安组（Q_1g）上段 / 下段 明化镇组（N_2m）	明化镇组		明化镇组（N_2m）	明化镇组	明化镇组	明化镇组（N_2m）

1. 饶阳组（Qp_1r）

区域饶阳组为一套颜色暗灰色、灰色的砂、含砾砂冲洪积相沉积物组合，底界与新近纪上新世明化镇组红棕色黏土、粉砂质黏土为界，岩石固结程度较明化镇组明显松散。顶界与中更新世肃宁组的棕红色含大量锈染、钙质结核的粉砂质黏土为界。根据区域古地磁年代资料，饶阳组形成时代主体为早更新世。

渠6孔饶阳组为一套未固结河湖相碎屑岩沉积组合，上部为浅灰、灰绿色粉砂、细砂，平行层理发育；中部深棕色、灰黑色黏土、粉砂质黏土夹粉细砂、中砂，普遍含钙质结核；下部为黄棕色、灰棕色细砂、中砂夹薄层黏土。埋深151.6～292.4m，厚140.8m。

2. 肃宁组（Qp₂s）

区域肃宁组岩性以灰黄色的黏土及粉砂质黏土为主夹砂及含砾粗砂，沉积环境为河湖相，含颇多的钙质结核，铁锰质结核较少，底界以棕色含大量锈染、钙质结核的粉砂质黏土与饶阳组为界，顶界以灰黄色含钙质结核粉砂质黏土与晚更新世西甘河组浅灰黑色黏土为界。根据区域古地磁年代及光释光测试数据，肃宁组形成时代主体为中更新世。

渠6孔肃宁组为一套未固结河湖相碎屑岩沉积组合，上部为棕红色、灰绿色厚层状黏土、粉砂质黏土、淤泥质黏土，含大量铁锰结核；中部为浅灰黄色粉砂、黏土质粉砂、细砂、中细砂，粒序层理发育；下部为棕黄色、灰褐色黏土，富含铁锰结核，局部夹薄层粉砂。埋深46.45～151.6m，厚115.15m。

3. 西甘河组（Qp₃x）

区域西甘河组下部为灰、浅灰黑色粉砂质黏土、黏土质粉砂与中更新世肃宁组接触，总体由砂、粉砂质黏土等沉积物组成，并且沉积物组成"两灰两黄"的沉积韵律，顶部为一层区域上延伸较为稳定的棕黄色硬土层与全新世地层为界。根据区域¹⁴C及光释光测试数据，西甘河组形成时代主体为晚更新世。

渠6孔西甘河组为一套未固结河流相碎屑岩沉积组合，上部为灰黄色、灰褐色黏土、黏土质粉砂，浅灰色粉砂夹薄层黏土，发育水平层理，普遍含钙质结核；中部为灰棕色、棕黄色黏土夹薄层粉砂；下部为灰黑色、灰褐色粉细砂、中砂、含砾中砂、淤泥质粉砂夹薄层黏土。埋深15.85～50.1m，厚度为34.25m。

（二）年代地层

本次工作遵循的年代地层划分方案为：依据全国地层委员会颁布的《中国地层指南及中国地层指南说明书》规定并结合区域周边资料，以古地磁松山/高斯极性时转换界线（M/G）作为下更新统/上新统的界面，距今2.58Ma；以布容/松山极性时转换界线（B/M）为中更新统/下更新统的界面，界面埋深70～120m，距今约0.78Ma；上更新统底界年龄距今约0.128Ma；全新统底界年龄距今约11.7ka，在此基础上对渠6钻孔进行了年代地层划分。

1. 更新统

1）下更新统

根据《中国地层指南及中国地层指南说明书》并结合区域上对第四纪下限形成的共识，

认为京津冀冲洪积平原在新近纪上新世—第四纪更新世基本上为连续沉积，地层平整，古地磁极性记录较完整。因此确定划分下更新统的最有效方法为古地磁法，即将古地磁极性柱 B/M 界线（年龄为 0.78Ma）位置作为下更新统顶界，M/G 界线位置（2.588Ma）相当于下更新统底界。除此之外，发现于本区下更新统底界的海相有孔虫化石组合 *Hyalinea baltica*，可以作为标准化石与意大利卡拉布里阶底部的标准化石相对比，因此也可作为下更新统底界的一个辅助划分标志。

渠 6 孔下更新统为一套河湖相沉积物，岩性组合为灰褐色、黄棕色粉砂质黏土、粉砂、细砂、含砾粗砂、砂砾石层。其下伏地层新近系上新统以一层厚度不等的半固结状棕红色黏土质砾石层（泥砾层）为标志层，渠 6 孔在 315m 左右深度亦出现该套"泥砾层"，厚度大于 60m，根据本次古地磁数据，M/G 位置处于 284.9m 处。

2）中更新统

如上所述，中更新统的底界位于古地磁极性柱的 B/M 位置，而其顶界大致位于古地磁极性柱的布容正极性时的布莱克负极性亚时（Blake），但该磁性漂移事件不甚明显。本区比较成熟的划分方案为参照渤海湾西岸的更新世第Ⅲ海侵层底界即中更新统底界，其时限相当于深海氧同位素第五阶段（MIS5），沉积物特征是一套暗灰色的粉砂质黏土、黏土等沉积物组合（图 6-2）。

渠 6 孔中更新统为一套河湖交互相的沉积物，岩性为棕红色、黄褐色厚层状黏土、粉砂质黏土、粉砂、黏土质粉砂、细砂、中细砂。底部以一层潴育化棕红色含钙质结核黏土与下伏下更新统为界，古地磁极性柱上位于布容正极性和松山反极性界线（B/M），渠 6 孔 B/M 位置处于 151.6m 处。

3）上更新统

上更新统底界的划分如上所述依据是与更新世第三海侵层相对应的暗色沉积层位，顶界的确定是依据 ¹⁴C、光释光等测试获得，岩性划分标志是末次冰盛期（LGM）形成的一套硬土层。

渠 6 孔上更新统主体为一套河流相沉积物，岩性组合为灰黄色、灰褐色黏土、黏土质粉砂，浅灰色粉砂夹薄层黏土，灰棕色、棕黄色黏土夹薄层粉砂。上更新统底界相当于深海氧同位素 5 阶段（MIS5）。区域周边上更新统的顶界差异较大，而底界埋深大体在 50m 左右。其底界与中更新统棕红色、黄褐色厚层状黏土、粉砂质黏土（含钙质结核）为界。该孔在埋深 39.60m 处光释光样品 OSLq6-5 年龄数据为 139.3 ± 7.4ka，显示上更新统底界埋深大体在 40 ～ 50m，其位置置于埋深 46.45m 处。

2. 全新统

根据国际年代地层表，目前国际地质学界对晚更新世与全新世的分界时代为 0.0117Ma，本区近山前的全新世早期洪积扇边缘的扇前洼地部位沉积了一层泥炭层，其 ¹⁴C 年龄为 9369 ± 40 a B.P. ～ 11850 ± 200 a B.P.（表 6-3），其底部可以作为全新统的底界；而山前平原的古河道底部砂层中树木化石的 ¹⁴C 年龄为 9515 ± 230 a B.P. ～ 11970 ± 40 a B.P. 其底部亦可作为全新统的底界。其余沉积部位可以以全新世地层第一旋回砂层底板、

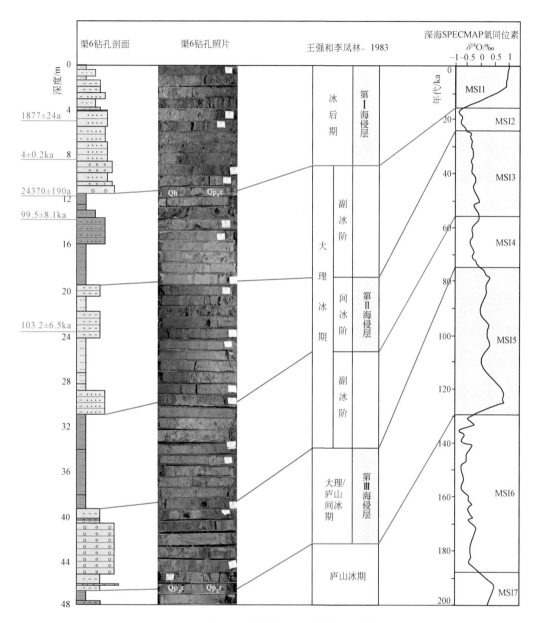

图 6-2　渠 6 孔上更新统—全新统划分方案

初见钙核顶板以及与泥炭层相对应的黏土质底板为界,但上述每种划分方案都有其局限性,使用时综合考虑作为辅助标志。

渠 6 孔 4.8m ^{14}C 年龄数据为 1897 ± 24 a B.P.,OSL 样品 8.3m 处年龄数据为 4.0 ± 0.2ka B.P.,以末次冰盛期形成的潴育化黏土层之上的砂层为其底界,推测全新统底界埋深应在 11.35m。

表 6-3　区域周边全新世早期 ^{14}C 年龄测定统计表

样品编号	取样位置	样品类型	取样深度/m	^{14}C 年龄/a B.P.	数据来源	测试单位	备注
ZK512	海淀区高里掌	草木炭	4.65	9930 ± 130	北京市地震地质会战办公室 1978 年测试	中国社会科学院考古研究所	扇前洼地
ZK593	房山长沟	泥炭	6.84	11850 ± 200	北京 102 地质队 1978 年测试	中国社会科学院考古研究所	扇前洼地
ZK592	房山长沟	泥炭	4.74	10120 ± 150	北京 102 地质队 1978 年测试	中国社会科学院考古研究所	扇前洼地
PM29-2	蓟县头营	泥炭	3.4	9369 ± 40	本次	北京大学	扇前洼地
S11-2	蓟县西三百户	淤泥质黏土	2.4	9590 ± 45	本次	北京大学	扇前洼地
PM15-1	蓟县二郎庄	木头	8.8	11444 ± 38	本次	北京大学	平原古河道
ZK214	海淀区上庄北	木头	5.0	9515 ± 230	北京市地震地质会战办公室 1973 年测试	中国社会科学院考古研究所	平原古河道

（三）磁性地层

根据古地磁数据对渠 6 钻孔的磁极地层进行了系统划分，B/M 界线位于 151.6m，该界线时代为中更新世开始；M/G 界线位于 284.9m，以此为界标志着早更新世的开始。其中，在 Brunhes 正极性时，可能存在负极性漂移事件，有待确认；在 Matuyama 负极性时，Jaramillo 正极性亚时（0.99 ~ 1.07Ma）可能位于 162.35 ~ 178.0m，Oldauvi 正极性亚时（1.77 ~ 1.95Ma）可能位于 214.3 ~ 227.0m，Reunion 正极性亚时（2.14 ~ 2.15Ma）可能位于 235.65 ~ 240.3m，Matuyama 负极性时存在其他正极性时段为可能的极性漂移事件（图 6-3）。

二、多重地层划分对比

以本次渠 6 钻孔岩石地层、年代地层、磁性地层等划分成果为基础，进行多重地层划分对比，建立区域对比标志（图 6-4）。

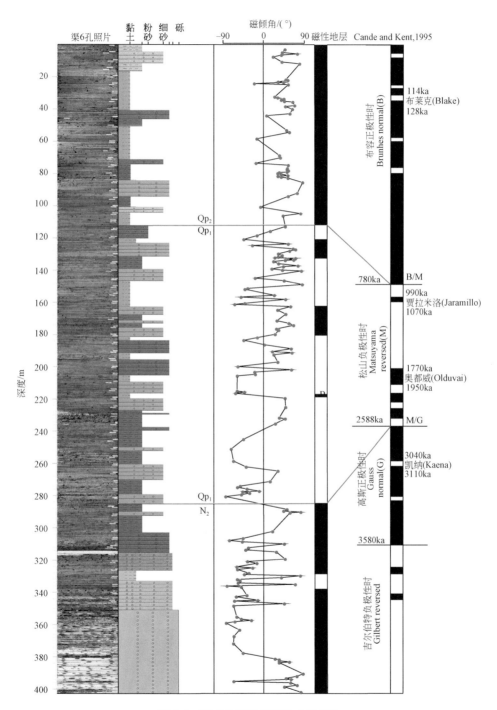

图 6-3　渠 6 孔第四纪磁性地层划分

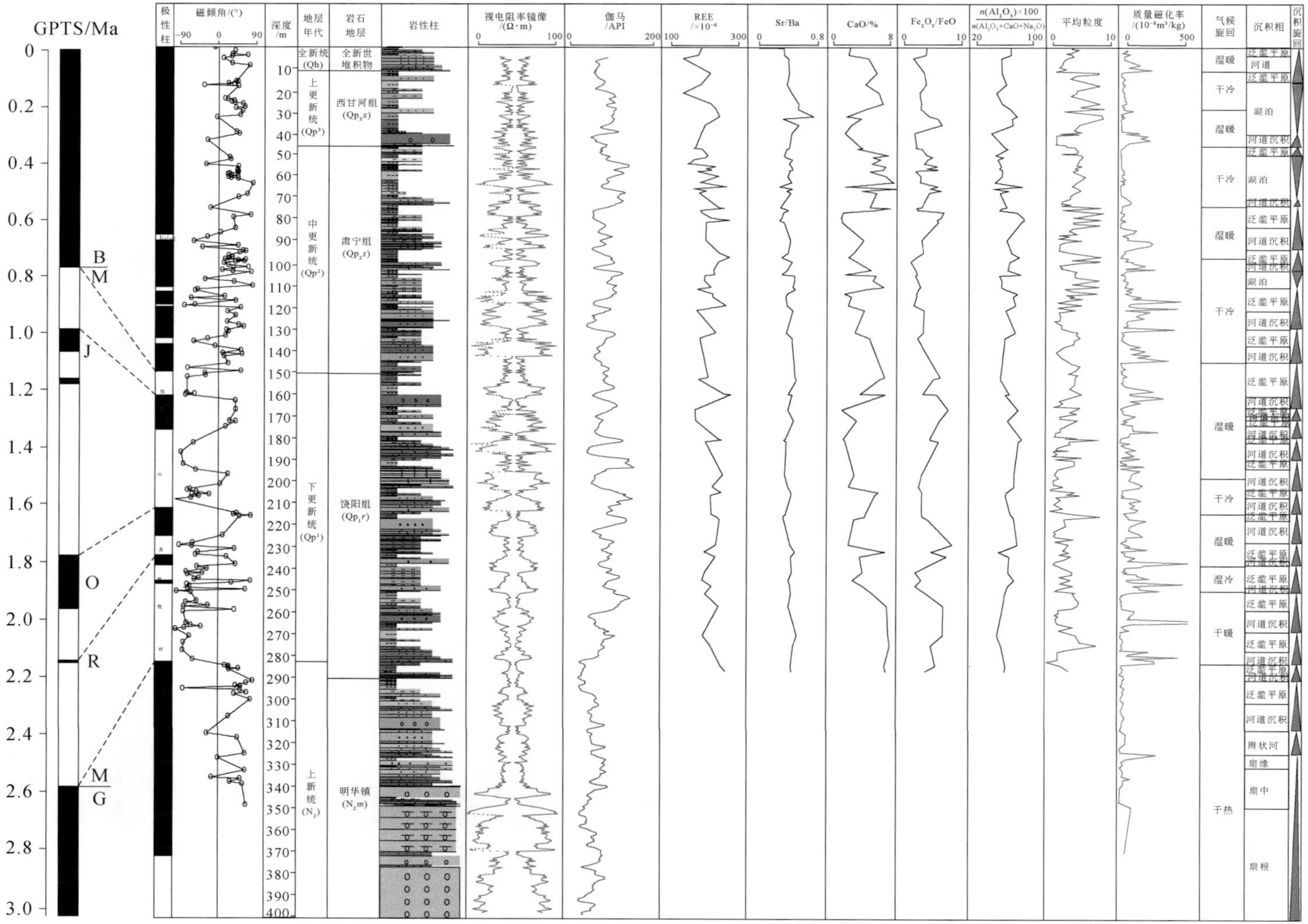

图6-4 渠6钻孔多重地层划分对比

第二节 第四纪三维地质结构调查

一、沉积分区及特征

本次工作根据岩性、岩相、成因类型及岩相古地理等特征将区内第四纪沉积结构分为北部冲洪积扇区和南部冲积平原区。前者靠近燕山山前，沉积物以洪积、冲洪积形成的砂、（卵）砾石为主，多形成冲洪积扇，局部扇缘、扇缘洼地以黏性土为主；后者地貌上处于冲洪积扇山前平原，沉积物表现为冲积、冲洪积形成的砂与黏性土互层。

二、钻孔测网

根据本次施工 26 个第四纪钻孔，结合收集的各类钻孔，参照标准孔，对钻孔进行时代和沉积相的划分，根据岩性、颜色、沉积相变及埋藏深度与相邻钻孔进行对比，绘制了 10 条第四纪钻孔联合剖面（图 6-5），总结了测区第四纪沉积物的结构特征及时空分布。

三、沉积格架

（一）北部冲洪积扇区

工作区冲积扇沉积见于东北部及西北部，分别称"古潮白河冲积扇"和"泃河洪积扇"。早更新世—中更新世中期在测区夏垫北部、皇庄北部及渠口南东发育冲洪积扇沉积。古潮白河冲积扇主体位于北京地区，测区发育部位多为扇缘部分，主要位于测区大厂幅燕郊一带，沉积物为一套含砾粗砂、中砂、细砂及粉砂、黏土组合；泃河洪积扇扇体规模相对较小，主要为扇中–扇缘沉积，主体位于三河幅中北部一带，扇中沉积以砂砾、泥质砾为主，扇缘沉积主要为黏土、粉砂质黏土等，可识别出多期洪积事件，另外测区东北角洪积扇沉积从早更新世一直持续到全新世，扇体规模较小，仅仅影响测区东北角。整体属于冲积平原，主要受潮白河和泃河冲积体系控制，冲积扇沉积主体不发育，本分区地层结构在垂向上一般存在较完整（局部不完整）的河流层序，每个层序一般以冲刷面开始，上覆向上变细的沉积层，顶部常覆盖黏性土沉积。以钻孔剖面 I 为例对北部冲洪积扇分区的沉积格架精细刻画如下：

钻孔剖面 I 呈南北向贯穿测区三河幅和渠口幅，剖面共连接 13 个钻孔（叁 13—叁 12—叁 9—叁 4—SH26—叁 1—GK4—GK10—渠 6—GK19—GK23—渠 3—QKSZ-1），其中 7 个为本次施工钻孔（叁 13、叁 12、叁 9、叁 4、叁 1、渠 6、渠 3），其余 6 个为收

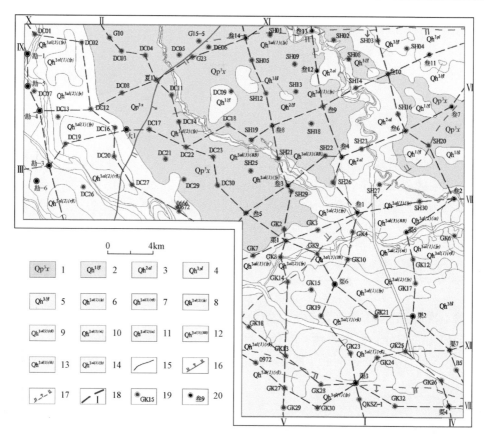

图 6-5　工作区第四纪联孔剖面位置图

1. 晚更新世西甘河组；2. 全新世早期湖沼积；3. 全新世中期冲积物；4. 全新世晚期洪积物；5. 全新世晚期湖沼积；6. 全新世晚期冲积物 – 河漫滩；7. 全新世晚期冲积物 – 河漫湖沼；8. 全新世晚期冲积物 – 河漫滩；9. 全新世晚期冲积物 – 河漫湖沼；10. 全新世晚期冲积物 – 天然堤；11. 全新世晚期冲积物 – 决口扇；12. 全新世晚期冲积物 – 河床亚相；13. 全新世晚期冲积物 – 边滩；14. 全新世晚期冲积物 – 河漫滩；15. 地质界线；16. 第四纪活动正断层；17. 第四纪隐伏正断层；18. 联孔剖面线及编号；19. 可利用前人钻孔；20. 本次施工钻孔

集孔，通过该条剖面对三河县幅和渠口镇幅第四纪地层结构及沟河洪积扇的演化有了初步认识（图 6-6）。

　　中新世，测区发生大规模的构造运动，引起较大的地形高差。上新世，叁 13 与叁 12 钻孔之间由于三河 – 黄土庄断裂的影响，叁 13 钻孔第四系厚度小于 50m，在 48m 处见到了橘红色泥砾层，叁 12 钻孔中第四系厚度大于 100m，巨大的地形高差，造成了由北向南发育的洪积扇，观察叁 13、叁 9、渠 6 钻孔，剖面底部普遍沉积厚层的砾石层，洪积扇到达渠口附近。通过分析叁 9 及渠 6 钻孔洪积扇沉积序列，叁 9 自下而上泥石流沉积逐渐变薄变少，沉积相由扇中向扇端过渡，渠 6 钻孔由洪积扇向辫状河过渡，随着沉积的填平补齐作用，地势趋于平缓，洪积扇相砾石向上逐渐变小，呈退积型，表明洪积扇规模逐渐缩小。

　　早更新世，沟河洪积扇退缩至叁 9 孔附近，叁 9 孔沉积物为砂砾、泥质砾夹砂质黏土、

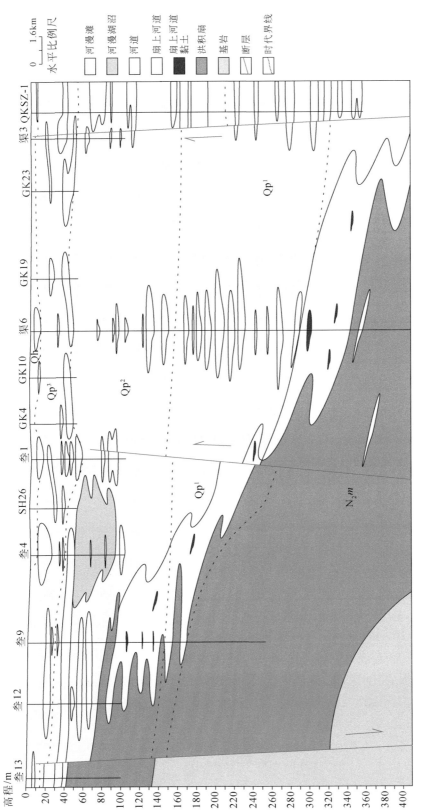

图 6-6 工作区第四纪钻孔联合剖面 I

黏土，可识别出两个明显的沉积旋回，上部旋回顶部为由黏土、粉砂质黏土组成的扇缘沉积，底部为以砂砾、泥质砾为主的扇中沉积。下部旋回主要为黏土夹少量粉砂，为扇缘沉积或扇前洼地沉积，表明早更新世发生多次洪积事件。渠 6 和 QKSZ-1 钻孔为一套河流相沉积物组合，下部为中砂、细砂，上部为粉细砂夹黏土，河流二元结构发育。

中更新世早期—中期，钻孔叁 12、叁 9 一带仍发育洪积事件，叁 12 钻孔沉积物为砂砾、含砾砂、泥质砾夹砂质黏土、黏土，可识别出两个明显的沉积旋回，单个旋回上部为由黏土、粉砂质黏土组成的扇缘沉积，下部为以砂砾、泥质砾、含砾砂为主的扇中沉积。叁 9 钻孔可以分为两段，上段由泥质砾和黏土组成，下段为一套厚层砂体，主要为含砾粗砂、中砂、细砂组合，夹少量黏土、粉砂，属辫状河沉积。叁 12、叁 9 孔在横向上的对比，表明中更新世早期—中期在钻孔叁 12、叁 9 一线发生多次洪积事件，叁 9 钻孔以南发育河流相沉积。

中更新世晚期—全新世，随着沉积的填平补齐作用，地势趋于平缓，沟河洪积扇已经退出测区，整个剖面方向分布着河流冲积物及局部小型暂时性的湖泊相沉积物。

全新世，叁 4 孔至 QKSZ-1 孔普遍发育河流相沉积，叁 13 孔至渠 4 孔一线由于地势相对较高，处于剥蚀状态，全新世未接受沉积。

（二）南部冲积平原区

第四纪以来，除早更新世—中更新世中期测区夏垫北部、皇庄北部及渠口南东发育冲洪积扇沉积外，广大的南部地区以发育河流相沉积为特征，又可以进一步划分出河道带、泛滥平原及湖沼洼地沉积。以Ⅳ号钻孔联合剖面为例详述如下：

Ⅳ号钻孔联合剖面位于测区东侧，走向近乎南北向，贯穿三河幅和渠口幅，剖面共连接 13 个钻孔（SH03—叁 10—SH16—叁 6—SH20—叁 2—渠 5—GK12—GK17—渠 2—GK25—GK26—渠 4），其中叁 10、叁 6、叁 2、渠 5、渠 2、渠 4 为本次施工的控制孔，深度均为 100m，其余钻孔为收集孔，深度均小于 100m。由于该条剖面钻孔深度均在百米以内，并未揭穿第四系，仅仅到达中更新统，因此取得的认识有限。通过该条剖面，对于测区东侧中更新世以来地层结构的沉积演化及邦均洪积扇在横向上的演化发展取得了初步认识（图 6-7）。

中更新世，由于 SH03 钻孔北侧三河 - 黄土庄断裂的影响，SH03 钻孔与北侧存在高差，地势较低，叁 10、SH03 一带受测区北东邦均洪积扇的影响，发育洪积事件，SH03 钻孔揭露的沉积物为一套红褐色黏土及粉砂，含铁锰质结核和钙质结核，底部为含砾黏土，整体处于干燥暴露的沉积环境，属扇缘沉积。叁 10 钻孔沉积物粒度较细，主要为黏土和粉砂，黏土中普遍含有钙质结核，整体较硬，属扇缘和扇前洼地沉积。钻孔 SH16—叁 6—SH20 一线发育湖沼相沉积，沉积物为一套中细砂、粉砂、黏土质粉砂、黏土，中细砂主要集中在底部，呈深灰色、灰黑色，向上沉积物粒度逐渐变细、颜色逐渐变浅，说明湖泊逐渐萎缩。叁 2—渠 4 钻孔一线为河流相沉积，沉积物为砂、粉砂及黏土，河流二元结构发育，仅渠 4 孔附近，由于宝坻断裂的影响，地势下降，发育湖沼相沉积。

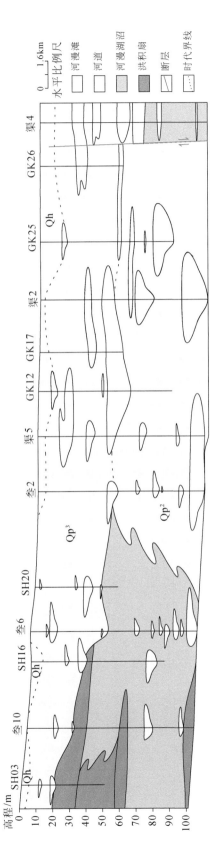

图 6-7 工作区第四纪钻孔联合剖面 Ⅳ

晚更新世，邦均洪积扇向测区东北角收缩，沿剖面线方向发育河流相沉积，沉积物以砂、粉砂及粉砂质黏土等为主，河流二元结构发育，整个剖面线一带受沟河、潮白河冲积体系的控制。

全新世，叁 10 孔至渠 4 孔为河流相沉积，SH16 至叁 10 一带地势相对较高，整体处于剥蚀状态，全新世未接受沉积。

（三）第四纪岩相古地理特征

工作区位于华北平原西北缘，地貌分区属河北平原区 – 山前倾斜亚区，主要为潮白河和沟河共同作用形成的冲洪积平原，本次工作通过对大量钻孔资料的综合分析，基本了解当时古地理的格局，其发展演化主要受新构造运动和古气候变化的影响，测区古地理形态和沉积环境演变概述如下。

1. 早更新世

早更新世测区主要受北西 – 南东向古潮白河、沟河冲洪积扇及古邦均洪积扇的影响，由于地势原因，夏垫北部、三河北东及香河南东发育较大规模的冲积、洪积事件，并持续对南侧的山前平原及香河一带进行充填（图 6-8）。

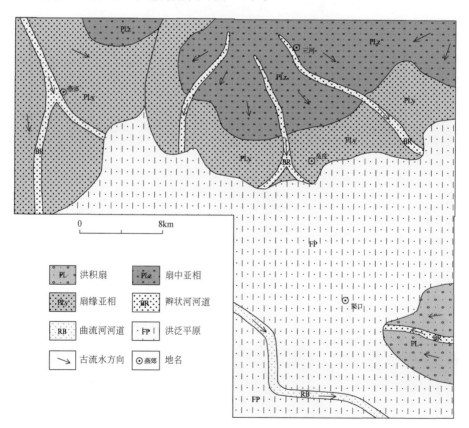

图 6-8 早更新世岩相古地理图

　　测区北西燕郊—夏垫一带主要受古潮白河冲积扇的影响，沉积物主要为含砾粗中砂、砂质黏土，几乎不见砾石层，沉积物分选较差，变化较快。测区北东三河—白涧—皇庄一带主要受沟河及邦均冲、洪积扇的影响，沉积物由北向南呈砾石－含砾砂－砂质黏土的沉积分布，齐心庄镇赵各庄村 G15-5 钻孔可见多套砾石层，段甲岭镇沿口村北的 303 钻孔中可见厚约 36m 的砾石层，杨庄镇肖庄子村的叁 9 钻孔中可见多套泥砾层夹杂砂、粉砂，砂、砾成分复杂，分选及磨圆较差，反映了多期洪积事件。渠口镇石佛营村 B5 钻孔，该时期沉积物主要为含砾砂和含砾黏土；渠 6 钻孔，该时期沉积物主要为粉细砂及砂质黏土。整个测区早期基本以洪积事件为主，至中晚期由于气候变化，扇体系开始收缩，测区燕郊、三河一带扇上河道开始发育，在渠口一带则以曲流河沉积为主。该时期研究区灌木和草本孢粉降低，其中反映水生湿生环境的蓼科、菊科、唐松草和狐尾藻等均降低或不见，针叶树孢粉含量早期增加，中后期明显降低，落叶阔叶树孢粉明显增加，且早期含量略降低，中后期明显回升。由此推断研究区这一阶段早期针叶树种向低海拔地区迁移，气候变冷变干，中后期气候开始回升。

2. 中更新世中期

　　中更新世气候总体特征为两冷夹一暖，洪积扇体系开始收缩，测区北西侧古潮白河基本形成，持续对下游地区进行地貌改造及物质补给，同时，邦均一带扇体发育，后期形成辫状河道（图 6-9）。

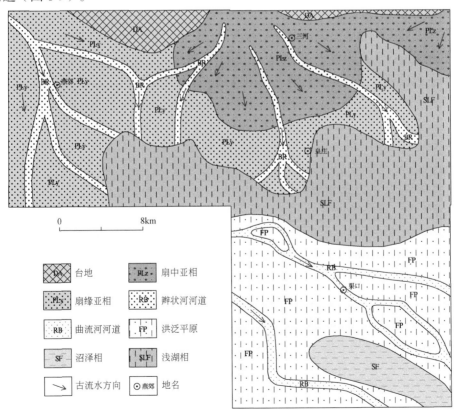

图 6-9　中更新世中期岩相古地理图

中更新世中期气候开始回暖，华北地区大面积气温回升，河流作用增强，测区北东仍为洪积扇沉积，叁 11 钻孔沉积物为一套棕黄色砂砾石、含砾砂及砾质黏土组合，砾石层厚约 2m；测区北部，三河一带发生规模较大的洪积事件，在 303、叁 9、叁 8、叁 12 钻孔中可见厚层的砾石层，北西古潮白河冲积扇开始收缩并发育扇上河道，以辫状河沉积为主；中部皇庄一带发育浅湖相沉积，沉积物以灰色粉细砂、黏土为主，叁 4 钻孔中黏土层厚约 50m；南部渠口一带逐渐过渡为曲流河沉积，河流二元结构特征明显，底部为灰色、灰黄色、棕黄色细砂，中粗砂及含砾中粗砂的河床相沉积，顶部为灰色、棕色、棕黄色黏土、粉砂质黏土、黏土质粉砂的泛滥平原沉积。研究区该时期灌木和草本孢粉明显增加，其中反映中生和旱生环境的禾本科、藜、蒿和麻黄属植物显著增加，而喜湿润莎草科和蓼科等植物明显降低，反映这一时期气候明显变干。针叶树孢粉和落叶阔叶树孢粉含量显著降低，其中云杉和冷杉均降低，对应该阶段夏季风减弱，气候变暖变干。中更新世晚期气候变冷，降雨量减少，河道相对比较稳定，测区除北东还有小规模洪积事件发生，其他地区主要为河流相沉积。

3. MIS5 阶段

晚更新世区内河流发育，湖泊面积逐步缩小。气候经历了由暖—冷—暖—冷的变化，对区内岩相古地理变迁影响较大，水系基本上呈北东向流动，大面积分布着河流冲积物及局部小型暂时性的湖泊相沉积物，在潮白河、沟河等河流的作用下，形成缓倾斜平原，塑造了现代地貌的基本格局。

该阶段正处于华北平原晚更新世第一次海侵，海侵并未到达测区，该时期全球气候变暖，在沿海地区表现为海平面上升，在内陆表现为降雨量增加，河流泛滥。测区沉积体系发生显著改变，主要受潮白河、沟河冲积体系的影响，洪积扇收缩至测区东北角段甲岭至刘家顶一线，潮白河冲积扇已迁出测区，全区以河流相沉积为主，沉积物主要为中细砂、粉砂、黏土等中细粒沉积。测区西北主要受潮白河影响，河道相对比较稳定，通过研究钻孔 DC08、DC10、DC11、DC16、DC17，燕郊镇以东，夏垫镇以西，存在厚约 10m 的砂层，推测该时期潮白河在燕郊一带多次发生决口，决口扇东部到达夏垫镇附近；测区东北主要受沟河控制；测区南部，由于地势降低，河流多表现为游荡型曲流河，改道频繁（图 6-10）。

该时期区域灌木和草本孢粉明显降低，其中旱生植物藜和禾本科等均显著降低，大部分喜湿的草本植物略微增加，如莎草科、唐松草属、菊科、唇形科、唐松草、狐尾藻等，反映这一时期气候明显变湿润，以松为代表的针叶树孢粉明显增加。云杉和冷杉均略高，但整体含量仍然较低，反映该时期气候变暖变湿润。

4. MIS3 阶段

该阶段为寒冷干燥的末次冰期内一个气候相对比较温暖湿润的小间冰阶，此时华北地区发生第二次海侵，此次海侵仍未到达测区，此次海侵持续时间短，范围小。由于气候转暖，降雨量增加，地表径流水量增加，河流开始发育，除测区东北角白涧一带，整个测区主要为潮白河、沟河控制的河流相沉积，以河流冲积物为主，夹少量湖沼沉积，由砂、砂

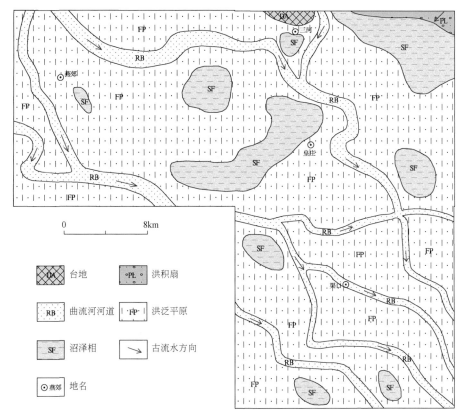

图 6-10　MIS5 阶段岩相古地理图

质黏土组成的沉积旋回发育（图 6-11）。

5. 全新世早期

全新世的时间短，沉积厚度小，河系发育，主要是河流作用形成的冲积物，由于河流的洪泛改造，在河间洼地和古河道地段形成暂时性小型湖泊－沼泽，流水对全新世的沉积、沉积物的特征起了非常大的影响作用。

全新世早期，温度逐渐升高，冰雪快速消融，华北内陆地区表现为降雨量增加，河流开始发育。该时期测区主要受潮白河、沟河冲积体系的影响，以河流的侵蚀、堆积作用为主，仅在东北角段甲岭至刘家顶一线发育洪积事件，全区以河流相沉积为主，局部地区为湖沼相沉积。由于气温刚开始回暖，海平面相对较低，还未恢复正常，沉积物主要分布于河谷中，测区中北部齐心庄—夏垫—陈府—皇庄一带并未接受沉积，测区南部渠口一带主要为曲流河沉积，河流多表现为游荡型曲流河，改道频繁（图 6-12）。

该时期植被类型以草本植物为主，主要为蒿属和藜科，还有一些禾本科、蓼属、杜鹃花科和麻黄属，反映这一时期测区温度和降水较高。

6. 全新世中晚期

全新世中期，华北平原呈现温暖湿润的气候，研究区持续受潮白河、沟河冲积体系的

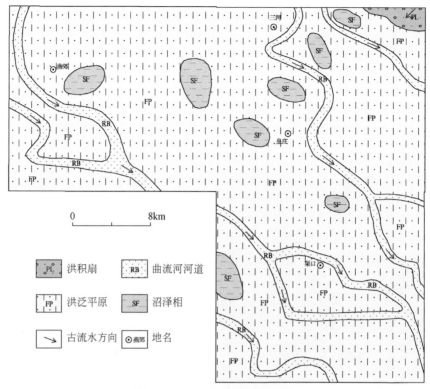

图 6-11　MIS3 阶段岩相古地理图

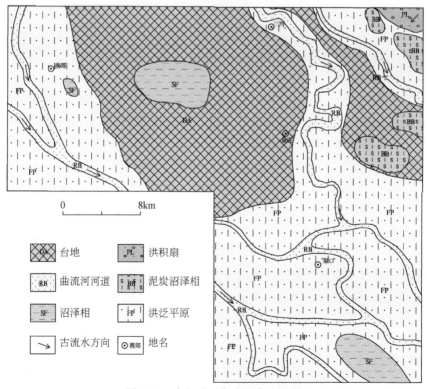

图 6-12　全新世早期岩相古地理图

影响，仅在测区东北角段甲岭至刘家顶一线表现为洪积扇沉积，全区以曲河沉积为主，局部地区为湖沼相沉积，测区东北部燕郊一带及测区南部渠口一带主要受潮白河影响。三河一带主要受沟河影响。随着气温、湿度的逐渐升高，降雨量增加，海平面上升，沟河的下切作用逐渐减弱，侵蚀和堆积作用增强，沟河在早期的河谷地中频繁地迁移摆动，同时形成沟河二级阶地的物质基础。由于地势原因，测区中北部齐心庄—夏垫—陈府—皇庄及黄土庄—尤古庄一线并未接受沉积。测区南部渠口一带，河流多表现为游荡型曲流河，形成以灰色、棕黄色，中细砂为主的边滩沉积以及以棕色、棕黄色黏土质粉砂、粉砂质黏土为主的泛滥平原沉积，局部为以灰色、深灰色、灰黑色黏土、粉砂质黏土为主的河漫湖沼沉积（图6-13）。该时期研究区灌木和草本孢粉明显降低，大部分喜湿的草本植物略微增加，反映这一时期温暖湿润的气候特征。全新世晚期，在距今2500年左右，气候由暖湿转向干凉，测区气温、湿度下降，沟河的下切作用增强，形成了沟河的二级阶地。之后测区气候温凉干燥，河流作用的影响面减少，加上人工改造的影响，从而形成了测区内的现今地貌格架。

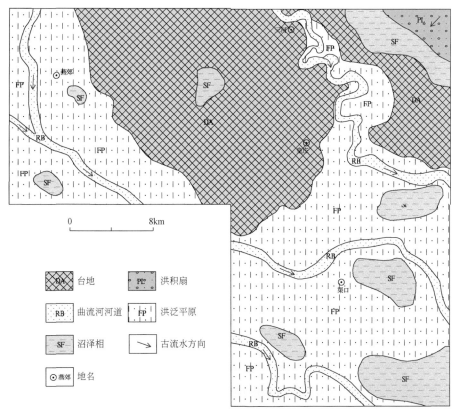

图6-13　全新世中晚期岩相古地理图

总体而言，区内第四纪早更新世到全新世古地理特点为：冲积相面积由小到大；河道由疏到密；古气候的冷暖、干湿交替呈现有规律的变化，湖泊的分布范围由大片到零星；各阶段沉积厚度逐渐减薄，这些都是受基底构造、古地形、古水系、古气候及河流变迁的影响。

第七章 活动断裂调查

第一节 活动断裂判别

一、遥感解译

以夏垫断裂为例，根据 Landsat4 MSS231 遥感影像解译成果，夏垫断裂两侧遥感影像色调、形态轮廓等特征存在明显差异，即沿东兴庄—大康庄—夏垫镇—谢疃村呈北东向一线，两侧遥感影像特征差异明显，其中北西侧影像呈浅色调，斑杂状，而南东侧影像色调较深、较浑厚，二者之间界线清晰，连续性好。经后期野外实地调查，夏垫断裂地表行迹与遥感解译断裂较为吻合（图 7-1），除此之外，根据高分辨率卫片影像也可以有效识别

图 7-1　夏垫断裂 Landsat4 MSS231 遥感影像解译图

由于活动断裂或历史时期地震活动所造成的地表破裂（地裂缝、断坎等）等微地貌特征，如测区大康庄一带地表残留有 1679 年三河平谷 8 级大地震造成的地震断坎，高分辨率遥感影像亦清晰可辨，其中下盘高出上盘 1m 左右（图 7-2，图 7-3）。

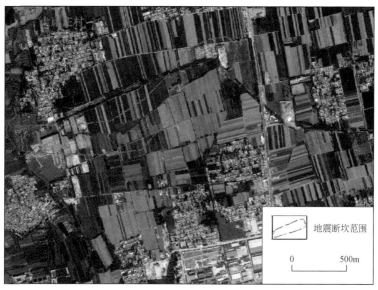

图 7-2 夏垫断裂地表地震断坎谷歌遥感影像图

图 7-3 夏垫断裂大康庄村南地表地震断坎

二、构造地貌

本次工作以夏垫断裂东兴庄—东柳河屯段为例，根据 2007 年北京市地质调查研究院对夏垫断裂进行的精确大地测量调查成果资料，着重分析了断裂对微地貌的影响，测量成果显示地表陡坎和断裂展布吻合程度较高，应为活动断裂活动成因陡坎。该段陡坎相对高度较大，最大可达 3m，且越往南陡坎相对高度越小，说明该段夏垫断裂活动强度大；陡坎西侧地形剖面呈现缓坡平原特征，而东侧则呈现平地特征，东、西相对高差较大；南、北部同样发育坡度，北部最高海拔 25～30m，而南部最高 15～20m；多条单条剖面往往发育二级陡坎，如测线 D14。获取陡坎一级和二级交替出现，体现夏垫断裂具有右旋走滑特征（图 7-4）。

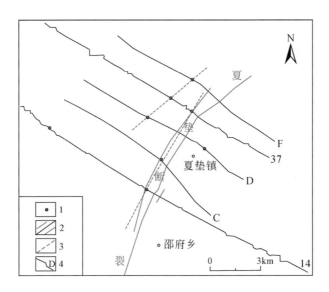

图 7-4　夏垫－马坊断裂东兴庄—东柳河屯段微地貌平面图（据北京市地质调查研究院，2013a）

1. 陡坎点；2. 主断层 / 次级断层；3. 推测断层；4. 大地测量测线及编号

三、地震监测

本次工作系统收集了从 20 世纪 60 年代至今的 158 次地震监测记录、历史记录的 1536 年西集 6 级地震记录及 1679 年三河 8 级地震，分析上述地震的空间分布特征表明，沿区内夏垫镇至邵府一带，地震带呈明显的北东向展布，与夏垫断裂的展布方位较为一致；三河市以北的近山前地段也分布有近东西向展布的地震带，与区内三河－黄土庄断裂的走向相吻合，综上可知，本区的活动断裂大致沿地震密集带展布，二者具有直接的空间耦合关系（图 7-5）。

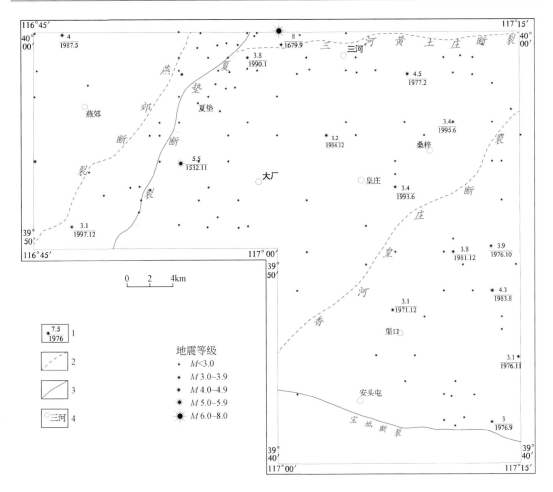

图 7-5 工作区活动断裂与地震震中分布图

1.地震震级及发震时间；2.第四纪隐伏断裂；3.活动断裂；4.地名

第二节 活动断裂定位与定时

以本次重点调查的宝坻断裂为例，据周边物探和钻孔揭露情况，宝坻断裂形成时代早于中生代，新近纪以来断裂控制了武清凹陷的沉积，该断裂强烈活动，造成断裂两侧新近纪地层巨大的落差。在工作区新开口一带断裂两盘落差为 600 ~ 1000m。另据钻孔资料，该断裂两侧第四系沉积厚度也存在明显的差异，在宝坻区南的小套村一带，断层下盘只有不到 200m 的第四纪松散堆积物，其下为中元古代蓟县纪地层，而上盘钻至 456m 尚未穿透第四纪地层。上述特征说明宝坻断裂是一条新生代以来长期剧烈活动的断层。历史资料显示，近现代在该断裂带的两侧曾发生过小规模地震，可见其仍在活动。值得重视的是宝坻断裂所经过的荆庄村、大田村、北村一带于 2004 年地表出现大量地裂缝，其中尤以荆庄村最为严重,造成地表建筑物不同程度受损(图7-6),且地裂缝两侧产生明显的构造沉降,综合上述特征,确定宝坻断裂为本次活动断裂调查的重点。本次通过重力剖面测量、浅层地震勘探、断层气测量和钻探工程对其进行精确定位和定时。

图 7-6　荆庄地裂缝对建筑物破坏特征

a. 房屋下沉变形特征；b. 墙体开裂特征

一、宝坻断裂精确定位

（一）重力剖面测量

1. 仪器性能试验

本次重力剖面测量于 2016 年 10 月在北京灵山格值标定场使用 CG-5 重力仪进行了重力仪静态、动态、一致性试验和格值标定。静态、动态、一致性试验和格值标定的总体结果表明（表 7-1），在工作中投入生产的重力仪的各项精度指标均满足设计及《重力调查技术规范（1：50000）》（DZ/T 0004—2015）中的要求。

表 7-1　重力仪各项标定试验精度统计表

仪器号	静态掉格率 /(10^{-5}m/(s^2·h))	动态精度 /($\pm 10^{-5}$m/s^2)	一致性精度 /($\pm 10^{-5}$m/s^2)	格值标定		时间
				比例因子	相对均方误差	
CG-5-0328	−0.009	0.007	0.008	0.9976460	1/35874	2016 年 10 月
CG-5-0337	−0.010	0.005		0.9985295	1/69541	

2. 质量检查

2016年12月完成的CD重力剖面控制长度为11km,完成测点269个,重力检查点31个,质检率为11.5%,工作精度满足设计及规范要求。

3. 数据处理及解释

1)数据处理

根据断裂构造分布特征,本次重力剖面测量资料选用进行了向上延拓,以压制浅部干扰反映深部信息,并定性推断断裂深部的赋存状况。用上延法进行了剖面剩余异常及区域场的求取。采用RGIS2014重磁电数据处理软件中的2.5D正反演模块对重力剖面进行定量正演模拟计算,结合地质、航磁及其他物化探资料对布格重力异常进行定性解释,在定性解释的基础之上,建立相应的地质模型。

2)推断解释

通过本次施工的重力综合剖面CD可见,布格异常曲线南低北高,南侧重力低异常是武清凹陷的反映,北侧重力高是宝坻凸起的反映。二者之间存在重力梯级带,从图中明显能看出上延各高度布格异常曲线的交点,位于CD剖面的296点附近,物探推断为宝坻断裂(图7-7)。

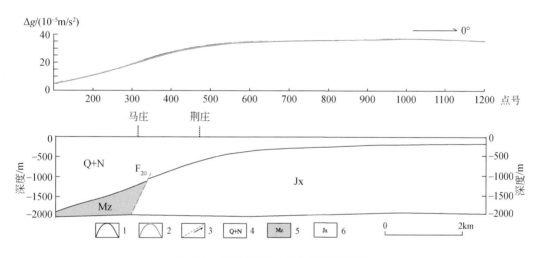

图7-7 CD剖面重力拟合反演剖面图

1. 实测布格异常曲线;2. 拟合布格异常曲线;3. 推断断层;4. 第四系+新近系;5. 中生界;6. 蓟县系

(二)浅层地震勘探

1. 浅层二维地震

1)仪器参数及数据处理

本次浅层二维地震勘查工作使用428车载地震仪,针对宝坻断裂布设DZ04剖面,长度为1.5km,勘探深度约为800m。技术指标如表7-2所示,其他事项参照《浅层地震勘查技术规范》(DZ/T 0170—1997)执行。

表 7-2　二维地震施工项目设备配置

序号	仪器名称	型号	基础配置数量	配置数量	备注
1	地震仪器	428	1	1	
2	采集站／电源站	428	200/20	200/20	
3	交叉站／上车线	428	3/3	3/3	
4	大线／检波器	428	150/600	150/600	
5	电瓶	风帆 60Ah		28	
6	测量设备	Trimble	1+2	1+2	
7	测量中继站	Trimble	1	1	
8	中继电台		2	2	
9	检波器测试仪			1	
10	车载台	MOTOROLA GM338		2	
11	对讲机	MOTOROLA GP328		20	
12	车辆			15	
13	车辆	仪器车	1	1	
14	可控震源	F2800	2	2	
15	处理设备	Sun Blade 2000		1	
16	地震数据处理系统	Geovecteur Plus		1	
17	地震设计、静校正软件包	Mesa、KLSeis		2	
18	地震资料解释系统	GeoFrame		1	

2）推断解释

地震剖面 DG03 揭示断裂明显切穿 100ms 以下较清晰的反射层，并在断层上盘发育一系列反向正断层（图 7-8）。

2. 三维地震探测

本次试点工作对宝坻活动断裂近地表采用三维地震探测的方法，对活动断裂在近地表的分支复合情况进行精细探测，三维地震 1 个区块，总面积 0.12m²，总计 281 炮。

1）仪器设备

震源采用 500kg 重锤法，采集设备为最新研发的无缆检波器（图 7-9）。

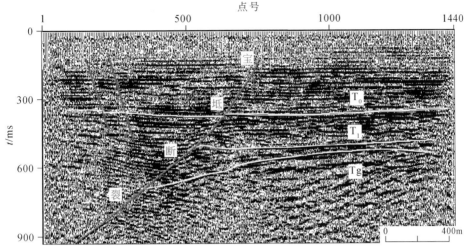

图 7-8　宝坻断裂浅层二维地震剖面图

图 7-9　三维地震野外施工

a. 三维地震探测检波器布设；b. 三维地震震源与施工

2）野外数据采集

（1）三维数据采集。CMP 面元：5m×5m。覆盖次数：45 次。接收道数：150 道。道间距：10m。接收线距：60m。炮点距：10m。炮线距：30m。最大偏移距：300m。

（2）二维数据采集。检波点距：5m。炮点距：5m。最小偏移距：10m。最大偏移距：1481m。最大覆盖次数：90 次。

（3）采集数据质量指标。①野外数据采集物理点甲级率不低于 65%，丢炮率小于 5%，全区合格率不低于 99%；②测量合格率达到 100%，优良率不低于 95%；③测点相对误差不大于 0.5m，高程误差不大于 0.5m。

3）解释推断

通过人工浅层三维地震剖面，本次对荆庄地裂缝垂向展布特征进行了详细刻画，通过三维地震时间切片发现，400ms 以上地下裂隙形态十分清晰，各个不同时深切片中均具有较好线性展布特征，其整体走向与地裂缝展布方向基本一致（图 7-10），也与二维地震剖面中解译的断裂展布方向一致，因此荆庄地裂缝为宝坻断裂控制的构造型地裂缝。

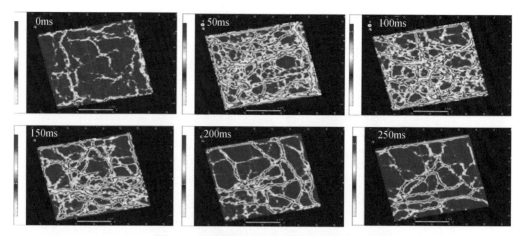

图 7-10　宝坻断裂三维地震时间域切面图

（三）断层气勘探

本次试点工作为了探测活动断裂在地表的活动情况，在重力剖面测量、浅层人工地震剖面测量的基础上，采用 FD216 环境测氡仪，测量点距为 40m，对地表异常地段进行测量（图7-11）。

图 7-11　氡气剖面测量

a. FD216 环境氡测量仪；b. 野外数据采集

1. 仪器及参数

本次氡气测量使用核工业北京地质研究院生产的 FD216 型测氡仪，该仪器采用硫化锌 ZnS(Ag) 和光电倍增管组合系统，主动泵吸的取气方式进行测量。仪器指标参数如下：灵敏度 ≥ 0.68cpm/(Bq·m⁻³)；本底计数率 ≤ 0.3cpm；测量范围 300 ～ 300000Bq/m³；测量重复性误差 ≤ 5%（氡室浓度 2000Bq/m³，环境湿度 65%，温度 25℃）；长期稳定性（8h）误差 ≤ 10%；本底读取 2min；充气时间 2min；测量时间 5min；排气时间 2min。

2. 质量监控

抽取典型测量剖面进行资料检查，结果显示：原始曲线与质检曲线异常形态及位置基本吻合，表明异常可靠，质量符合要求。其余要求参照《民用建筑工程室内环境污染控制规范（2013 版）》（GB 50325—2010）等相关要求和规定执行。

3. 数据解释

DQCD 氡气剖面基本与重力剖面位置重叠，在荆庄一带具明显四个异常区间（图7-12）。第一个位于点号 173 ～ 228 之间，最高氡异常值 $5.3 \times 10^4 \text{Bq/m}^3$，该异常与大地电磁测深剖面的第二个视电阻率梯级带位置大致重合；第二个异常区间位于点号 272 ～ 348 之间，最高氡异常值 $4.1 \times 10^4 \text{Bq/m}^3$，该区域位于重力上延 – 不同高度布格异常曲线交点位置，浅层人工地震数据显示该区域发育多条北倾次级小断层；第三个异常区域位于点号 400 ～ 440 之间，最高氡异常值 $5.7 \times 10^4 \text{Bq/m}^3$，该区域与 TM 剖面解译的主断裂位置以及浅层人工地震数据解译的主断层位置重叠；第四个异常区间位于点号 472 ～ 532 之间，最高氡异常值 $3.6 \times 10^4 \text{Bq/m}^3$，但该异常与浅层地质及布格重力异常套合效果较差。

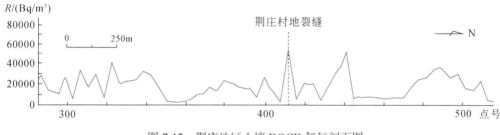

图 7-12　荆庄地区土壤 DQCD 氡气剖面图

二、宝坻断裂精确定时

本次工作通过在宝坻活动断层上下盘分别施工钻孔，详细对比沉积物组合特征和沉积时代差异，来对其活动时限进行精确限定。

为了查明宝坻断裂晚更新世以来活动性及其近地表特征，本次分别于荆庄地裂缝两侧部署施工了两个构造观察钻孔，其中渠 10 孔位于断裂下盘，渠 11 孔位于断裂上盘，钻孔间距 43.6m，井口落差 0.2m，终孔深度 50.0m。本次工作以能代表原始沉积水平面的铁锰结核层、姜结石层、黏土层及潜育化层作为对比标志层，通过 ^{14}C 测年辅以光释光测年方法对标志层定年（图 7-13）。通过连孔对比，两孔全新世铁锰质结核层底界落差为 –0.1m，其下部灰黄色粉砂层近于等深，表明该阶段宝坻断裂基本没有活动；而晚更新世顶界，即第一黏土层顶界开始出现明显落差，约 0.3m，黏土层底界落差则达到 0.6m，该阶段断裂活动表现在黏土层厚度差 0.3m；埋深 20m 左右的泥炭层顶界落差则为 1.3m，底界落差则达到 2.8m，该阶段断裂活动表现在泥炭层沉积厚度差有 1.5m；至钻孔下部第三钙质结核层，两孔落差为 2.6m，与泥炭层底界落差大致相当，说明在第三钙质结核层至泥炭层沉积阶段，宝坻断裂基本没有活动。

综上所述，中更新世晚期至早更新世初期，宝坻断裂处于稳定期，断层活动不明显；晚更新世，特别是距今 10000 ～ 100000 年之间是宝坻断裂剧烈活动期，断裂两侧共产生了 2.5m 左右的沉积厚度差；进入全新世以来，宝坻断裂活动性逐渐减弱，仅在底部形成 0.3m 左右的沉积厚度差，而全新世中晚期，宝坻断裂基本停止了活动。

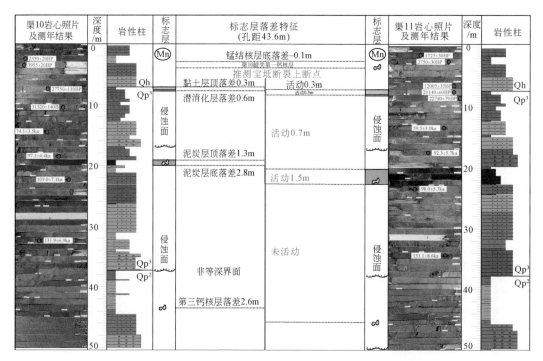

图 7-13　宝坻断裂上下盘钻孔对比图

第八章　基岩地质调查

第一节　地层调查

钻孔揭露情况和地球物理资料显示，工作区前第四纪地层由老到新发育了蓟县纪至新生代新近纪地层，详见表 8-1。本次工作主要利用收集到的 45 个石油、地热、煤田钻孔进行系统对比研究、统一岩石地层的划分标准、时代属性、接触关系，对基岩地质体进行圈定；而对钻孔空白区则利用物探数据进行插值，用地球物理探测的界面来大致划定其主要分界位置，进行基岩地质图编制。

表 8-1　工作区前第四纪地层划分简表

地质年代			岩石地层	地层代号	埋深 /m	地层厚度 /m	岩性特征
代	纪	世					
新生代	新近纪	上新世	明化镇组	N_2m	>1000	621～1753	灰、灰绿色砂岩、泥质粉砂岩和灰黄、棕红色泥岩
		中新世	馆陶组	N_1g	>1000	280～600	杂色砾岩，灰白、浅灰、深灰、灰绿色含砂砾岩，含砾砂岩、砂岩、粉砂岩与灰绿、浅灰、紫红、棕红色泥岩组成不等厚互层，底部发育一套砾岩
	古近纪	渐新世	东营组	E_3d	>1500	475	灰紫色泥岩与灰、浅灰色砂岩、杂色砾岩
		始新世	沙河街组	E_2s	>1500	346～1428	暗色河湖相砂、泥岩组合，可以细分为四个段
中生代	白垩纪	早白垩世	未分	K_1	>1000		灰、深灰色泥岩、杂色砾岩、含砾砂岩夹少量火山岩
	侏罗纪	晚侏罗世	土城子组	J_3tch	100～500	30～373	紫灰、灰紫色砾岩、含砾砂岩夹棕红色砂质泥岩
		中侏罗世	髫髻山组	$J_{2-3}t$	600～1000	70～474	灰、紫灰色安山岩夹少量玄武岩、凝灰岩和紫棕、紫褐、棕红色泥岩组成
古生代	二叠纪	早二叠世	未分	P_1	150		浅灰色中粒石英砂岩，杂色含铝土质细砂岩，局部夹砂质页岩
	石炭纪		未分	C	150～200		褐黄、褐灰、紫红色中粗砂岩，次为深灰色粉砂岩、页岩夹煤层
	奥陶纪		未分	O	200～400	227	灰、浅灰色、灰白色灰岩，灰质白云岩夹薄层页岩
	寒武纪		未分	∈		25～153	紫红色白云质页岩，硅质白云岩，灰白色鲕状灰岩

地质年代			岩石地层	地层代号	埋深/m	地层厚度/m	岩性特征
代	纪	世					
中元古代	待建纪		下马岭组	Pt_2^3x	200~500		灰、灰绿、紫红及灰黑色粉砂质页岩或页片状粉砂岩，上部夹铁饼状含叠层石泥灰岩透镜体
	蓟县纪		铁岭组	Jxt	>500	<102	浅灰色、灰褐色白云岩、微晶白云岩、白云质灰岩夹多层页岩、粉砂质页岩，上部白云质灰岩中含不规则燧石条带和结核
			洪水庄组	Jxh	>500	44~110	绿灰、深灰、灰黑色页岩、粉砂质页岩，质纯细腻，底部夹灰白、灰色中厚层泥质白云岩
			雾迷山组 四段	Jxw^4	300~800	750	灰白、浅灰、深灰色厚层状白云质灰岩、灰质白云岩、燧石条带白云岩互层夹海泡石黏土岩。底部发育含砾屑、砂质白云岩，下部夹中薄层含云灰岩、砾屑白云岩，顶部为块层状白云岩
			三段	Jxw^3		823	灰白色页片状含砂白云岩，灰色条带、层纹状及块层状白云岩、燧石条带白云岩的韵律层，夹薄层海泡石黏土岩，底部发育数层浅肉红色、砖红色、紫红色含砂或砂质泥质白云岩
			二段	Jxw^2		450	灰白色页片状含砂白云岩、浅灰色厚层含硅镁质结核白云岩、褐灰色块层状白云岩和灰黑色厚层燧石条带白云岩韵律层，夹数层薄层状海泡石黏土岩。底部发育厚度较大的灰白色页片状含砂白云岩层
			一段	Jxw^1			灰白色砂屑白云岩、灰黑色燧石条带白云岩及灰、灰黑色块层状白云岩韵律层

一、中元古代地层

区内中元古代地层分布面积较广，主要分布于宝坻断裂以北、夏垫－马坊断裂西北侧以及段甲岭山前一带，由一套未变质或轻微变质的海相富镁碳酸盐岩夹碎屑岩、黏土岩组成。按时代由早到晚可分为蓟县纪、待建纪地层，前者含有 3 个组——雾迷山组、洪水庄组和铁岭组，在工作区内主要分布在宝坻断裂北部，面积较广；后者含下马岭组，主要分布在宝坻区新开口镇、大厂回族自治县燕郊镇一带。

二、古生代地层

钻孔和物探资料显示，工作区古生代有寒武纪、奥陶纪、石炭纪和二叠纪地层。

1. 寒武纪地层

主要分布于西北部大兴凸起的高楼镇一带，崔家楼、白庙一带也有零星分布，埋深在 200～400m。区域钻孔资料显示岩性为一套地台型滨海 – 浅海相沉积，主要岩石类型有灰岩、鲕状灰岩、砾屑灰岩、白云岩、砾屑白云岩，页岩及少量砂岩、砾岩。与下伏青白口纪景儿峪组为平行不整合接触。三河市高楼南 G10 钻孔埋深 186.25～339.04m，岩性为紫红色粉砂岩、灰白色白云质灰岩、鲕状灰岩。三河市荣家堡村 G23 孔埋深 313～421.86m，岩性为紫红色粉砂质泥岩、灰白色白云质灰岩、鲕状灰岩。

2. 奥陶纪地层

分布于西北部大兴凸起的高楼镇一带，主要岩石类型有灰白色灰岩夹薄层泥岩。三河市齐心庄南 G15-5 孔埋深 87～314.78m，岩性为灰白色灰岩、灰质白云岩夹薄层泥岩。

3. 石炭纪地层

仅小面积分布于大兴凸起的齐心庄一带。据北侧邻区三河煤田钻孔资料，石炭纪地层（C）为褐黄、褐灰、紫红色中粗砂岩，主要成分为石英，次为长石和岩屑，其次为深灰色细砂岩、粉砂岩、页岩夹煤层。

4. 二叠纪地层

据北侧邻区三河煤田钻孔资料，早二叠世地层为浅灰色中粒石英砂岩、杂色含铝土质细砂岩，局部夹砂质页岩，埋深在 150m 左右。

三、中生代地层

工作区钻孔揭露的中生代侏罗纪—白垩纪地层主要分布于大厂凹陷、武清凹陷中，由一套陆相碎屑岩和部分火山喷出岩组成，沉积序列发育不完整。参考邻区中生代地层岩性、电性、古生物组合特征可划分为 3 个地层单位，包括侏罗纪髫髻山组和土城子组、早白垩世地层。

1. 髫髻山组（$J_{2-3}t$）

分布于三河县城、杨庄镇、陈府一带，岩性为一套陆相沉积—火山岩系，主要由灰、紫灰、紫红色安山岩夹少量玄武岩，凝灰岩和紫棕、紫褐、棕红色泥岩组成。顶部常发育棕红、绛紫色泥岩夹薄层青灰色安山岩，局部为角砾状安山岩，泥岩中常含棱角状—圆状安山岩和石英岩砾岩。三河县图幅 207 孔揭露显示，岩性为紫红色玄武安山岩，埋深 62.4～69.08m，未见底，其他部位普遍埋深在 600～1000m。

2. 土城子组（J_3tch）

分布于东北部的蓟县刘家顶、西三百户一带，据东侧上仓幅钻孔揭露，岩性主要由紫灰、灰紫色砾岩夹棕红色砂质泥岩组成。上部为黄灰、紫灰色含砾粉砂岩和泥岩，近顶部夹不稳定薄煤层，埋深 100～500m。

3. 白垩纪地层（K）

分布于三河李旗庄、南赵各庄、郝家府、大厂县城以及香河县五百户、新开口一带，为一套河湖相碎屑岩，南侧邻区武清县（按照 1：5 万国际标准分幅命名，下同）幅钻孔资料显示，该套地层岩性主要由灰绿、浅灰、灰黑、棕红、浅棕红、暗紫红色泥岩，夹灰白、棕红色砂岩，含砾砂岩，浅棕红色粉砂岩及灰白色泥灰岩组成。埋深普遍在1000m 以上，其中香河五百户最深可达 2000m 左右。

四、新生代地层

1. 古近纪地层

工作区钻孔揭露的古近纪地层主要分布于大厂凹陷、武清凹陷中，由一套陆相碎屑岩组成，参考邻区武清县幅钻孔资料，区内古近纪地层根据岩性、电性、古生物组合特征可划分为 3 个岩石地层单位，即古近纪孔店组（E_2k）、沙河街组（E_2s）和东营组（E_3d）。其中孔店组为一套由棕红、紫红、红色泥岩和浅灰色含砾砂岩组成的河流—冲积相碎屑岩沉积；孔店组与上覆沙河街组呈平行不整合接触关系，与下伏中生代地层呈不整合接触关系；沙河街组为一套暗色河湖相砂、泥岩组合；东营组为一套砂岩、泥岩的交互沉积物。

2. 新近纪地层

工作区钻孔揭露的新生代地层主要分布于大厂凹陷、武清凹陷中，由一套陆相碎屑岩组成，参考邻区武清县幅钻孔资料，区内该套地层可划分为 2 个岩石地层单位，即新近纪馆陶组（N_1g）和明化镇组（N_2m）。其中馆陶组为杂色砾岩，灰白、浅灰、深灰、灰绿色含砂砾岩，含砾砂岩、砂岩、粉砂岩与灰绿、浅灰、紫红、棕红色泥岩组成不等厚互层，底部发育一套砾岩，稳定而分布广泛。馆陶组与下伏东营组呈不整合接触，与上覆明化镇组为连续沉积；明化镇组由灰、灰绿色砂岩、泥质粉砂岩和灰黄、棕红色泥岩组成，根据岩性组合特征分为上、下两段，明化镇组与下伏馆陶组为连续沉积。

第二节　基底构造调查

一、构造单元划分

依据《中国区域地质志·河北志》始新世—第四纪构造单元划分方案，工作区划分为两个三级构造单元、一个四级构造单元及四个五级构造单元（图 8-1）。其中三级、四级构造单元划分以三河 - 黄土庄断裂为界，断层以北隶属于太行山 - 燕山山间盆地区（$ⅢA_2$）燕山褶皱带（$ⅢA_2^2$），前第四纪地层均被第四系覆盖，埋深一般小于 50m；断层以南为华北盆地（$ⅢA_3$）廊坊 - 衡水火山 - 沉积盆地（$ⅢA_3^1$），新生代地层广泛发育，且沉积厚度较大。五级构造单元以宝坻断裂、香河—新集一线、古夏垫断裂及三河 - 黄土庄断裂为界，划分为大兴凸起（ⅢA$_3^{1-2}$）、大厂凹陷（ⅢA$_3^{1-3}$）、宝坻凸起（ⅢA$_3^{1-4}$）及武清凹陷（ⅢA$_3^{1-5}$）。

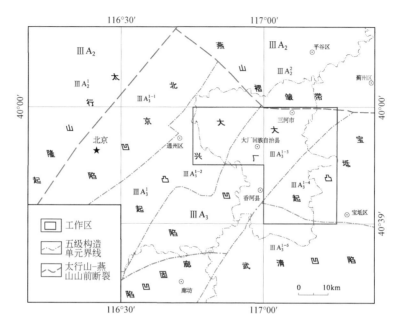

图 8-1 工作区大地构造位置图（据河北省区域地质矿产调查研究所，2017 修编）

二、构造单元特征

1. 燕山褶皱带（ⅢA$_2^2$）

燕山褶皱带位于测区东北缘三河 – 黄土庄断裂以北地区，基岩以蓟县纪雾迷山组白云岩为主，地表基本没有出露，均被第四系覆盖，埋深一般小于 50m，向北埋深逐渐变浅至出露地表。该构造单元内第四系以坡积物、坡洪积物为主，表层过渡为洪积 – 冲洪积物。

2. 廊坊 – 衡水火山 – 沉积盆地（ⅢA$_3^1$）

1）大兴凸起（ⅢA$_3^{1-2}$）

大兴凸起位于工作区古夏垫断裂以西地区，区域上呈北东走向，一般宽约 18km，其西南部由于大厂凹陷转为北东东 – 南西西向而变得相对狭窄，其顶部缺失中生界，基底以中新元古界及古生界为主。燕山运动末期大兴一带为一个遭受侵蚀的古凸起，到始新世孔店组及沙河街组四段沉积之前大兴凸起初具规模。据现有钻孔资料，测区范围内大兴凸起上新生界厚度 80 ～ 500m，其中该凸起的低洼处马起乏一带，新生界厚度仅为 500m，而在邻区通州宋庄村新生界厚仅 62.62m，其下为寒武系灰岩。

2）大厂凹陷（ⅢA$_3^{1-3}$）

大厂凹陷位于工作区中部，古夏垫断裂以东、三河 – 黄土庄断裂以南及香河新集一线以西地区，呈北北东向展布，基底为中元古界至中生界。石油物探资料揭示，大厂凹陷西北缘为一系列阶梯状南东倾正断层，凹陷中心为古近纪沉积盆地，并向东南缘超覆，为一个箕状断陷盆地。钻孔资料显示，大厂凹陷在新生代特别是古近纪曾有过强烈的沉降，沉积厚度可达 2000 ～ 3000m；古近纪晚期，大厂凹陷基本填平；古近纪末至新近纪初期，测区发生了一次显著的构造运动，形成了新近系与古近系之间的角度不整合。

3）宝坻凸起（Ⅲ A_3^{1-4}）

宝坻凸起位于工作区香河—新集一线以南、宝坻断裂以北地区，其西北缘为基底斜坡与大厂凹陷相连，南缘为宝坻断裂与武清凹陷连接，整体呈楔状。宝坻凸起基底主要由中元古界组成，基岩起伏整体呈东部高，向南、北西逐渐变低，上覆新生界厚度200 ～ 500m，其中第四系厚度 150 ～ 350m。

4）武清凹陷（Ⅲ A_3^{1-5}）

武清凹陷位于测区南部宝坻断裂以南地区，凹陷轴向主体呈北东向35° ～ 40° 展布，测区南部处于武清凹陷北缘，主体呈东西向展布。武清凹陷基底以古生界及中生界为主，埋藏深度较大，最深处可达 8000 ～ 9000m。该凹陷为新生代凹陷，其形成于古近纪早期，始新世中晚期开始大规模的伸展拉张，并持续至新近纪。

三、基底断裂

区内断裂以北东向、近东西向为主（图 8-2）。新生代以来，受北东向断裂控制大厂凹陷形成，其西界由系列铲状正断层形成北西向断阶。东西向断裂控制了大厂凹陷及武器凹陷的北部边界，并在大厂凹陷内形成南北向断阶。现将调查区基底断裂详述如下（表 8-2）。

1. 礼贤断裂（F_1）

该断裂北起三河市高楼村以北，往南经燕郊延出区外，经通州区张家湾、礼贤至固安附近，总体走向北东 30° ，倾向南东，局部倾向北西，倾角 50° ，全长 80km，在区内延伸 16km 左右。在 1 ：20 万布格重力异常图上，该断裂位于高值区和低值区的鞍部（图 8-3）。周边物探资料和钻孔资料显示，该断裂在古近纪时期为张性特征。新近纪以来该断裂的活动强度减弱，两盘第四纪地层落差在 100 ～ 200m，表明礼贤断裂为活动断裂。

2. 马起乏断裂（F_2）

该断裂是区域上马起乏 - 牛房断裂的北东段，呈北东 30° 展布于工作区的北西部，倾向北西，倾角 55° ～ 60° ，在工作区内走向延伸 25km 左右，具正断层性质。周边物探资料和钻孔资料显示，断裂对第四纪地层控制作用明显，断裂两盘第四纪地层落差在100 ～ 200m，为一条活动断裂。

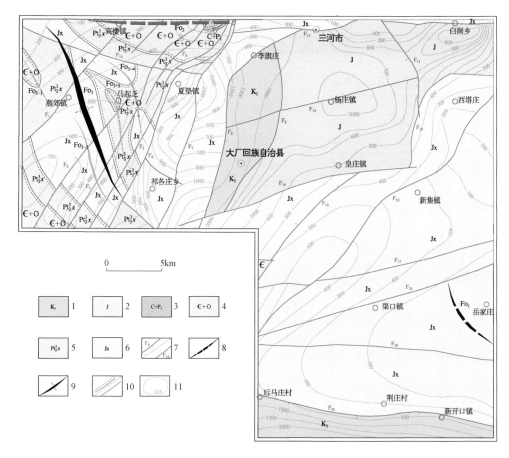

图 8-2 工作区构造纲要图

1.早白垩世地层；2.侏罗纪地层；3.石炭纪+早二叠世地层(并层)；4.寒武纪—奥陶纪地层(并层)；5.待建纪下马岭组；
6.蓟县纪地层；7.正断层/一般断层；8.向斜；9.背斜；10.平行不整合界线/一般地质界线；11.基底埋深等值线(m)

表 8-2 工作区内断层特征简表

编号	断裂名称	走向	倾向	延伸/km	断裂性质	依据	形成时代
F_1	礼贤断裂	北东	南东	16	正断层	重力异常梯度带及钻探	古近纪
F_2	马起乏断裂	北东	北西	14.5	正断层	重力异常梯度带及钻探	新近纪
F_3		北北东		22.5	性质不明	串珠状重力异常轴部	未知
F_4		北东		9	性质不明	重力异常梯度带	未知
F_5		北北东		22.5	性质不明	重力异常梯度带	未知
F_6	古夏垫断裂	北北东	南东	22	正断层	重力、地震解译及钻探	古近纪
F_7	西集断裂	北北东	南东	19.5	正断层	重力异常梯度带、地震解译	中生代

续表

编号	断裂名称	走向	倾向	延伸/km	断裂性质	依据	形成时代
F_8	李旗庄断裂	北东	南东	21	正断层	地震解译	中生代
F_9		北北东		16	性质不明	重力场形态发生变化	中生代
F_{10}		北东	北西	13	正断层	重力异常梯度带	新近纪
F_{11}		北西	南西	9.5	正断层	重力异常等值线扭曲	中生代
F_{12}	香河－皇庄断裂	北东	北西	30	正断层	地震解译及钻探	新近纪
F_{13}	三河－黄土庄断裂	近东西	南	23	正断层	重力、电法、航磁、地震解译及钻探	中生代
F_{14}		北西西		17	性质不明	不同重力场分界	未知
F_{15}		北东东	北	18	性质不明	重力异常梯度带扭曲	未知
F_{16}		北东东		22	性质不明	重力异常梯度带扭曲	未知
F_{17}		北东东		21.5	性质不明	重力异常等值线同相扭曲	未知
F_{18}		北东东		22	性质不明	重力异常等值线同相扭曲	未知
F_{19}		近东西		21.5	性质不明	重力异常等值线同相扭曲	未知
F_{20}	宝坻断裂	近东西	南	21.5	正断层	重力、电法、航磁、地震解译及钻探	古近纪

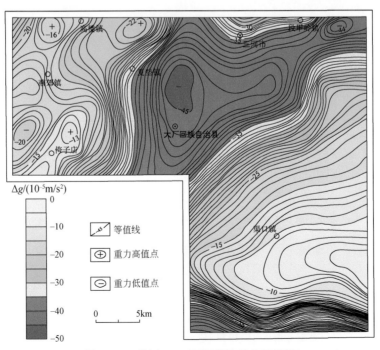

图 8-3 工作区 1：20 万布格重力异常图

3. 夏垫断裂（F₃）

该断裂为区内大兴凸起与大厂凹陷的分界断裂，它北起平谷北部基岩山区的王辛庄，南经马坊、夏垫、永乐店、凤河营至曹家务，全长约 120km，在工作区内延伸约 38km。总体走向为北东 30°，倾向南东，浅部倾角 65°～70°，深部逐渐变缓，呈现上陡下缓的铲形特点。布格重力异常图及航磁异常图显示，该断裂位于高值与低值的梯度带之上（图 8-3，图 8-4）。

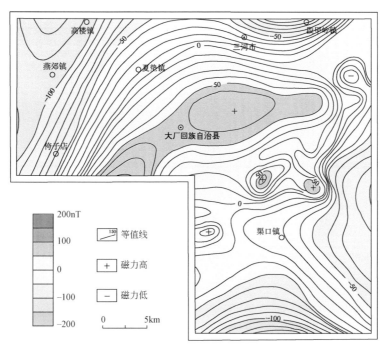

图 8-4　工作区 1：20 万 ΔT 航磁异常分布图

从本次施工的布格重力异常 AB 剖面图中可见，在大兴凸起和大厂凹陷的边界上存在一条明显的重力梯度带，其北西侧重力高，南东侧重力低，说明北西侧隆升，南东侧凹陷，重力梯级带位于 1500～1700 点之间，在 1500～1600 点间布格异常值从 $24.0 \times 10^{-5} m/s^2$ 陡降至 $20.0 \times 10^{-5} m/s^2$ 左右，梯度变化在 $4.0 \times 10^{-5} m/(s^2 \cdot km)$ 左右，据此解译为夏垫断裂（图 8-5，图 8-6）。另外在 DC891555 地震剖面中可见夏垫断裂为一条控制大厂半地堑盆地边界的铲形陡倾角走滑正断层，向上切穿 T_0 反射层，即上新统明华镇组底界（图 8-7），另据已有物探钻探资料分析，该断裂断距较大，以新生界底为准最大可达 1500m。进入第四纪地质历史时期，该断裂在夏垫镇附近两盘第四系厚度相差达 300m 左右，为一条活动断裂。

4. 香河 - 皇庄断裂（F₄）

香河 - 皇庄断裂为一条隐伏断裂，其北起东二营附近，往南西经新集至香河南，为大厂凹陷与宝坻凸起构造单元的分界断裂。断裂总体呈走向北东 40°～50°，倾向北西，

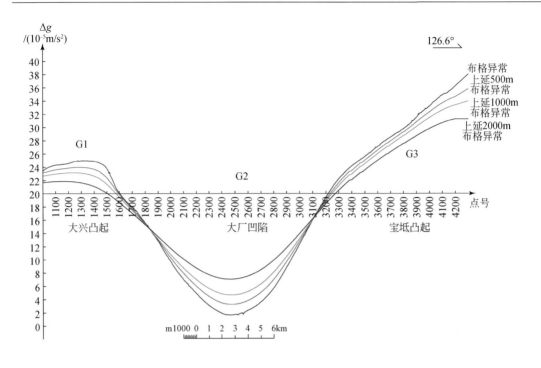

图 8-5　工作区 AB 布格重力剖面上延各高度布格异常曲线图

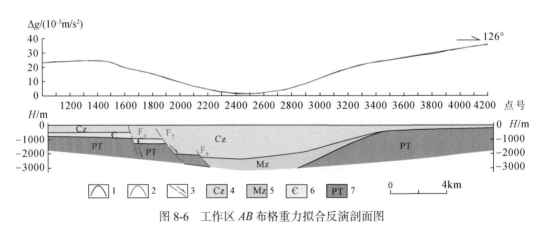

图 8-6　工作区 AB 布格重力拟合反演剖面图

1. 实测布格异常曲线；2. 拟合布格异常曲线；3. 反演断层；4. 新生界；5. 中生界；6. 寒武系；7. 元古宇

倾角 70° ，全长 50km，在区内延伸较长约 45km。布格重力异常图及航磁异常图显示，该断裂位于高值与低值的梯度带之上（图 8-3，图 8-4）。本次施工的 AB 剖面上显示，在大厂凹陷与宝坻凸起的边界带上存在重力梯级带，其位于 2800 ～ 4200 点之间，布格异常值从 $5.7 \times 10^{-5} m/s^2$ 增至 $36.2 \times 10^{-5} m/s^2$ 左右，梯度变化在 $2.2 \times 10^{-5} m/(s^2 \cdot km)$ 左右，上延不同高度布格异常曲线的交点在 3100 点附近，为香河 - 皇庄断裂在剖面上的反映，解译为香河 - 皇庄断裂（图 8-5，图 8-6）。

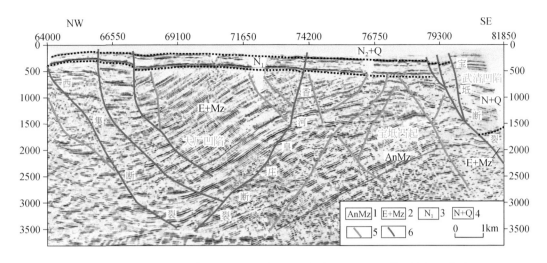

图 8-7　DC89-1541 地震剖面解译图（据 1989 年华北油田地震勘探资料，修编）

1.前中生界；2.古近系 + 中生界；3.中新统；4.新近系 + 第四系；

5.新近纪以前活动断层；6.晚新生代以来活动断裂

5. 宝坻断裂（F_5）

该断裂为武清凹陷与宝坻凸起构造单元的分界断裂，属于区域上涿县 – 宝坻断裂的东段，断裂经新开口镇、荆庄、七百户，在北运河与龙湾河一带被北北东向香河 – 皇庄断裂切割破坏。倾角 60°～ 80°，具正断层性质。根据周边物探和钻孔揭露情况，该断裂形成时代早于中生代，新近纪以来断裂控制了武清凹陷的沉积，该断裂强烈活动，造成断裂两侧新近纪地层巨大的落差。在工作区新开口一带断裂两盘落差 600～ 1000m。进入第四纪断裂活动性逐渐减弱，但仍是一条典型的活动断裂。

布格重力异常图及航磁异常图显示，该断裂位于高值与低值的梯度带之上（图 8-3，图 8-4）。通过本次施工的重力综合剖面 CD（图 7-7）可见，布格异常曲线南低北高，南侧重力低异常是武清凹陷的反映，北侧重力高是宝坻凸起的反映。二者之间存在重力梯级带，从图中明显能看出上延各高度布格异常曲线的交点，位于 CD 剖面的 296 点附近，解译为宝坻断裂。此外在 MT 频率 – 视电阻率拟断面上出现两处视电阻率梯级带，第一梯级带，出现在 3 号点与 4 号点之间，由其表现形态可看出视电阻率数值呈急剧的变化趋势，推测该视电阻率梯级带由构造断裂 F_1 引起，断层南倾，倾角较陡，其切穿古近系，其空间位置与重力异常剖面基本吻合，解译为宝坻断裂。第二梯级带，出现在测线 6 号点与 7 号点之间，视电阻率的梯级带的形态表现与第一梯级带相比稍弱，而此处重力异常上表现更为微弱，可能为一条次级断裂 F_2（图 8-8）。

6. 其他断裂

工作区除上述北东向、北北东向断裂外，还发育北西向及北东东近东西向断裂，二者一般规模均较小，且多被后期北北东向、北东向断裂交切破坏，只有少量发育于大厂凹陷

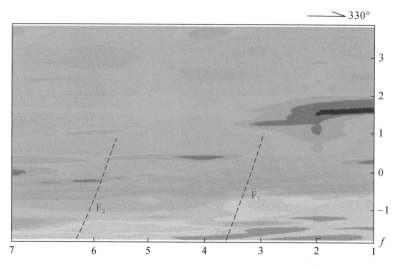

图 8-8　工作区宝坻断裂 MT 视电阻率 – 频率拟断面图（据河北省地球物理勘查院，2008）

中生代盆地内部或盆缘的北东东近东西向的小型断裂构造截断早期北北东向、北东向断裂，但规模及断层对地层的影响均较小。

第三节　地质构造发展史

根据工作区及周边建造、构造特征，本区的地质构造演化大体可以划分为地台盖层发育和强烈活动两大阶段。

一、地台盖层发育阶段

吕梁运动之后，工作区进入相对稳定的地台盖层发育阶段。这一阶段由中新元古代一直持续到三叠世，地壳运动以升降为特征并经历了三次沉降和两次抬升等多个构造阶段，形成了巨厚的中 – 新元古代至古生代沉积。其中长城纪—青白口纪以碎屑岩 – 碳酸盐岩建造为主，地层累计厚度可达万米，早古生代寒武纪—奥陶纪为一套碳酸盐岩建造，晚古生代以海陆交互相陆源碎屑岩为主夹不稳定薄煤层和薄层灰岩的含煤建造。

1. 第一沉降期（中元古代—新元古代早期）

该时期基底断裂的活动性质转化为张性，本区整体处于下沉普遍接受沉积的状态，虽然经过多次小的抬升接受短期剥蚀，沉积盆地范围有所变化，但始终保持着与基底断裂的相同方法和继承性沉积，沉积了一套以碳酸盐岩和碎屑岩为主的岩性组合。

2. 第一抬升期（新元古代晚期）

本区"蓟县上升"使整个华北陆块上升成陆，呈现长期相对稳定接受剥蚀的状态，其后的早寒武世昌平组直接平行不整合于新元古代景儿峪组之上。

3. 第二沉降期（寒武纪—中奥陶世末）

本区在早寒武世早期地壳发生沉降形成海盆，海水入侵后开始接受沉积，沉积了巨厚的碳酸盐岩沉积建造，到中奥陶世峰峰期末，本区才结束第二沉降期的历史。

4. 第二抬升期（晚奥陶世—早石炭世）

本区在晚奥陶世开始，整个华北陆块再次全面上升，一直到中石炭世才重新下降，该历史时期处于风化剥蚀阶段，未接受沉积。

5. 第三沉降期（早石炭世—晚二叠世）

本区在中石炭世又开始缓慢沉降接受沉积，形成了一套以碎屑岩为主的沉积建造，晚二叠世海水退出本区，结束该阶段沉降运动。

二、强烈活动阶段

二叠纪后，本区结束了盖层发展历史，进入了地壳强烈活动阶段。尤其是自晚三叠世以来，地壳活动的动力机制发生了根本改变，受到太平洋板块向欧亚板块俯冲作用，本区构成滨太平洋构造域的一部分，开始了强烈活动的地质历史阶段。

1. 印支期

中三叠世末，区域上受到印支运动的影响，但本区活动强度不甚明显，仅表现为引起早期地层褶皱变形，造成与上覆地层之间的不整合接触。

2. 燕山期

本区在燕山早期太平洋板块向欧亚板块俯冲，受北西 – 南东向挤压应力场的控制，表现为前新生界盖层的褶皱和断裂活动加强，并形成不同时期的挤压拗陷盆地。在这一时期，本区经历了早、中、晚三个构造发育期。燕山早期：工作区在晚三叠世仍然处在印支运动造成的隆升剥蚀环境，从早侏罗世开始到中侏罗世早期，武清凹陷盆地内堆积了一套河流 – 沼泽相杂色、暗色含煤系陆屑建造和河流相砂岩、砾岩和泥岩。这一时期的拗陷盆地可能受中侏罗世早期以前东西向或北东东向基底构造控制，总体呈近东西向或北东东向展布。燕山中期：大致相当于中侏罗世中、晚期至晚侏罗世。工作区处在整体隆升状态，未接受沉积，但构造活动并未止息。从晚侏罗世开始，太平洋板块向北西方向的挤压加剧，在区域上表现为强烈的构造变形，大规模的火山喷发和岩浆侵入，而在本区前新生界沉积盖层的褶皱变形，基底主干断裂的形成和发育，北东 – 北北东向构造格局的产生和建立，都可能发生在这一时期，并为以后的构造发育奠定了基础。燕山晚期工作区受北西西 – 南东东向构造挤压，盆地中堆积了一套河湖相碎屑岩，由湖泊相变为以河流相为主的沉积。早白垩世末，工作区再次整体隆升遭受剥蚀，缺失晚白垩世沉积，结束了燕山期的发展。

3. 喜马拉雅期

晚白垩世以后，工作区进入喜马拉雅构造发育时期，工作区处于滨太平洋构造体系域，区域构造应力场逐渐由挤压转为拉伸，平原区岩石圈减薄再造，是高原、山脉山地、平原等现代地貌的形成阶段。在燕山期形成并复活的基底主干断裂在这一时期由挤压转扩张，并且一侧发生沉降，表现出伸展性质，孕育了新生代断陷盆地。

1）古近纪

古近纪初，工作区承袭了晚白垩世的隆升剥蚀状态，未发现古新世的沉积。从始新世开始，在区域北西 - 南东向拉张为主的断陷作用下，地壳发生强烈拉张断陷，古地理面貌受控于北北东向的同生断层继承性活动，基底断裂反转为正断层，形成了始新世的湖盆，本区大厂凹陷东西两侧由夏垫断裂和香河 - 皇庄断裂控制，武清凹陷则受到宝坻断裂控制，开始了新生代的裂陷阶段，大兴凸起、大厂凹陷、宝坻凸起、武清凹陷初步形成北东向"断隆相间"的基本构造格局，在凹陷中沉积有上千米厚的内陆近海河湖相有机生油碎屑岩建造。渐新世末构造应力由拉张转变为挤压环境，盆地进入收缩期，面积不断缩小，全区普遍上升产生沉积间断，形成中新统和下伏渐新统之间的区域不整合，即馆陶组与下伏东营组之间的角度不整合，结束断陷期的发展。

2）新近纪—第四纪

进入新近纪，构造活动趋于激烈。中新世时期古地理环境与古近纪类似，湖盆进一步扩大，北东向的同生断裂继续活动，沿断裂下盘沉降尤为明显，填充了巨厚的泥沙堆积物，凹陷在原有基础上沉积范围展宽，凸起的范围则相对缩小变窄，湖盆主要表现为横向扩宽，向西几乎淹没了大兴凸起，沉积物以陆相沉积河湖相的红色砂砾岩、泥岩为主，中下部夹少量灰白、灰绿色砂岩、粉砂岩及砾岩，平原区的这种不均衡沉降造就了不同的沉积组合，并且当时的古地面略高于海平面。

上新世，大兴凸起仍然保持隆起趋势，只在其内部产生若干小型断层形成小地堑，有厚度不等的新近纪沉积层，大厂凹陷、武清凹陷依然保持下沉的特点，接受沉积。大兴凸起和宝坻凸起之上低洼地带在新近纪上新世明化镇时期亦接受沉积，堆积了一套山前洪积扇至河流相砂砾质、泥砂质岩石组合。

上新世末以来，本区构造活动强度逐渐减弱，在古老断裂体系的影响和控制下，继承或新生了一系列活动断裂。这些活动断裂控制了局部的沉积作用。

第九章 三维地质结构可视化

第一节 Petrel 软件三维建模流程

本次第四纪三维地质模型建立使用 Petrel 2009 地质建模软件完成。Petrel 是以三维地质模型为中心的勘探开发一体化平台，涵盖从地震解释、地质建模到油藏模拟的所有领域，使得地质学家、地球物理工程师以及油藏工程师在同一平台上，避免了不同平台之间数据的交换难题，促进了不同领域之间更有效的合作。依托 Petrel 强大的三维可视化功能，可以直接实现第四纪三维空间中进行各种数据的质量控制；同时，所有工作流程具有可重复性，当获得新的现场数据，可以及时更新模型，这给第四纪三维地质结构研究提供了可靠保证和三维可视化效果。

Petrel 2009 地质建模软件主要工作流程包括数据准备、属性分析与构造模型、属性模型和模型检验 4 个步骤（图 9-1）。

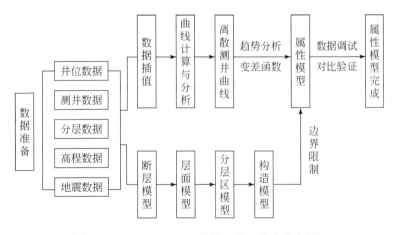

图 9-1 基于 Petrel 2009 软件三维地质建模流程图

1. 数据准备

Petrel 三维地质模型原始数据主要包括井位数据、测井数据（包括录井数据）、剖面数据、分层数据、插值数据、高程数据等，数据录入要素及格式详见表 9-1，与其他软件数据通用程度较高。其中井位数据包含钻孔、剖面及槽形钻的坐标、高程、井深等信息，本项目共使用各类钻孔数据 1030 个（表 9-2）；测井数据包括测井曲线、岩性编录、钻孔沉积相划分等，需单井、单曲线做一个文件，本次工作主要使用钻孔（剖面）编录岩性数据及分析数据；分层数据主要包括各个井的主要分层位置（深度）信息；高程数据为综合层面数据，可以根据收集的资料、地表高程、埋深等值线等生成某一层面（包含断层面、模型边界、断层边界）的散点高程数据；插值数据为通过联孔剖面、物探剖面综合分析人工模拟的虚拟钻孔数据。通过 Petrel 软件 Insert 选项可将上述数据加载，形成原始模型数据。

表 9-1 项目三维地质模型数据录入要素及要求

数据类型	格式及命名	数据组成	说明
边界数据	图幅 + 边界 .txt	X，Y，Z	由地理底图高程数据或 DEM 数据导出
高程数据	图幅 + 高程 .txt	X，Y，Z	由地理底图高程数据或 DEM 数据导出
断层数据	断层名 .txt	X，Y，Z	断层在各层面投影三维坐标
井位数据	图幅 +well head.txt	Wellname，X，Y，KB，MD	KB（海拔补心），MD（终孔深度）
分层数据	图幅 +well top.txt	Well，MD，topname，type	topname（层位名称）
单井岩性数据	井名 +well rock.txt	MD，rock	单位深度数值化表达
单井测井数据	井名 + 测井类型 +log.txt	MD，（测井曲线名称）	单位深度数值化表达

表 9-2 项目三维地质模型使用钻孔数据统计表

类型 / 深度	50m 以浅岩性三维地质模型			全区第四系沉积相结构模型
	渠口镇幅	三河县幅	大厂回族自治县幅	
槽形钻 /1.5 ～ 5m	214	243	173	—
剖面 /2 ～ 25m	8	29	12	—
钻孔（本项目）/20 ～ 400m	19	14	1	26
钻孔（收集）/20 ～ 700m	53	30	44	116
插值孔 /5m	67	83	49	—
合计	361	399	270	142

2. 属性分析与构造模型

属性分析过程包括测井曲线分析与计算、离散化测井曲线、属性分析（趋势分析、统计学分析、变差函数分析等）及属性模型计算。

构造模型指建模区域主要面状构造形态特征的模拟，包含断层、主要界面及其彼此交切特征等信息的三维模拟。在 Petrel 软件 Structural Modeling 中新建构造模型，通过对分层信息、高程数据的分析，依次编辑断层模型、边界、层面模型、区块模型及小层模型，通过对断层面、构造层面的编辑与调节，完成构造模型建立。本次所建三维地质模型平面分辨率100m×100m，依据模型需要及钻孔数据垂向分辨率0.2～1m不等。

3. 属性模型

属性模型指三维地质模型中地质体属性（如岩性、沉积相、水文等）结构的三维模拟。其编辑过程以钻孔岩性数据、测井数据、物探数据及合理的插值数据为基础，通过对数据进行人为干预下的数学运算，将属性结构充填于构造模型中地质块体来实现。

4. 模型检验

该阶段主要目的是检验模型的可信度，通过建立过井剖面检验属性模型与测井数据、地质认识的吻合程度来实现，如果模型存在较大偏差或与地质认识不符，可以通过调整属性分析过程中的参数来进一步完善地质模型。

第二节 第四纪三维地质结构

1. 地形三维模型

工作区位于华北平原北部，地表起伏极其微弱，坡降一般小于1°，野外对地形起伏变化较难观察。本次工作通过矢量地形图数据、DEM高程数据，将工作区地形特征进行了三维模拟（图9-2）。地形三维模型可以直观地显示测区地形起伏变化，对测区水系分布、河流变迁、第四纪地貌变化的研究起到了积极作用。

2. 第四纪各等时界面起伏三维模型

同时，根据对工作区内已有第四纪钻孔综合研究结果，本次对第四纪各等时界面起伏形态进行了三维模拟（图9-2），该模型很好地体现了各个时期第四纪沉积厚度变化以及第四纪沉积与断裂活动的关系。

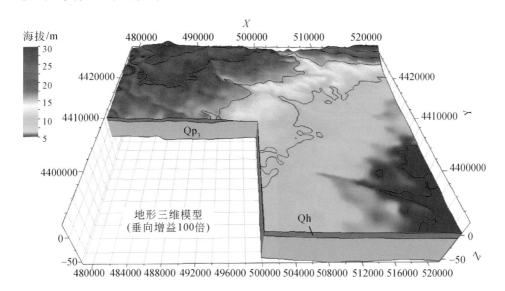

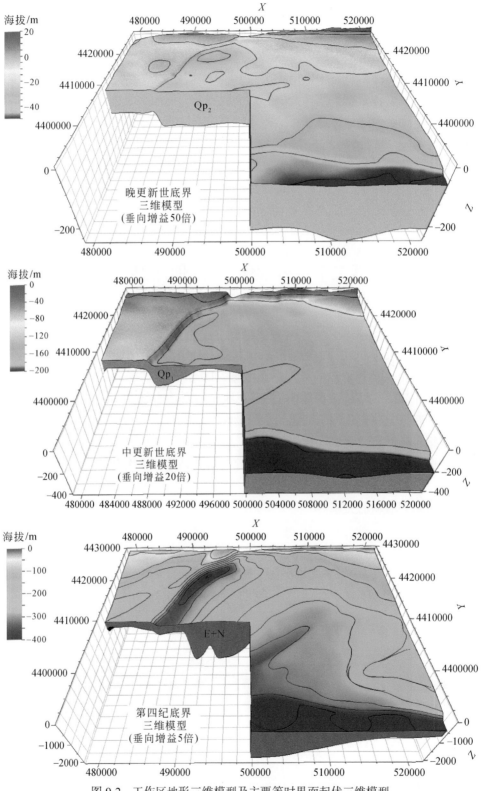

图 9-2　工作区地形三维模型及主要等时界面起伏三维模型

3. 50m 以浅岩性三维地质模型

本次工作分别对渠口镇、三河县及大厂回族自治县幅等三幅第四纪浅表 50m 松散沉积物分布特征进行了高分辨率的三维模拟。以钻孔岩心编录为基础，参考综合测井数据及物探数据，将岩性按淤泥质黏土（含泥炭）、黏土、粉砂质黏土、黏土质粉砂、粉砂、砂、砂砾、泥质砾等 8 个粒度级进行模拟，模拟过程中对一些确定性浅层地质体进行插值加密，对单一岩性体展布方向适当人工干预，最终形成了渠口镇、三河县及大厂回族自治县幅等三幅精度为 100m×100m×0.2m 的岩性三维模型（图 9-3～图 9-5）。通过过井剖面检验，该模型与钻孔岩性契合度较高，单一岩性体积占比与钻孔岩心体积占比基本一致，岩性体主体空间展布形态与测区沉积规律有较好吻合性。

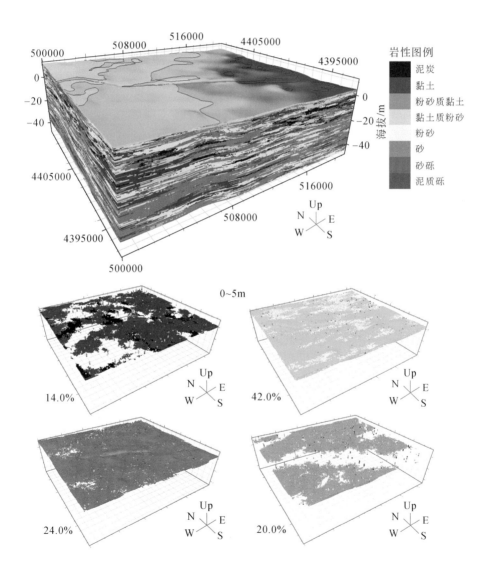

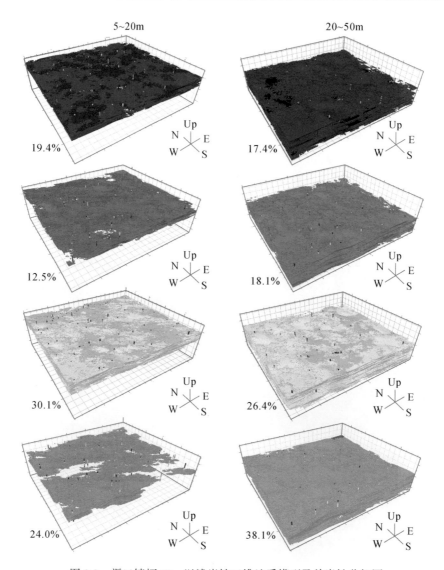

图 9-3 渠口镇幅 50m 以浅岩性三维地质模型及单岩性分解图

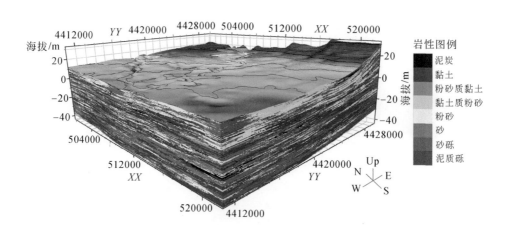

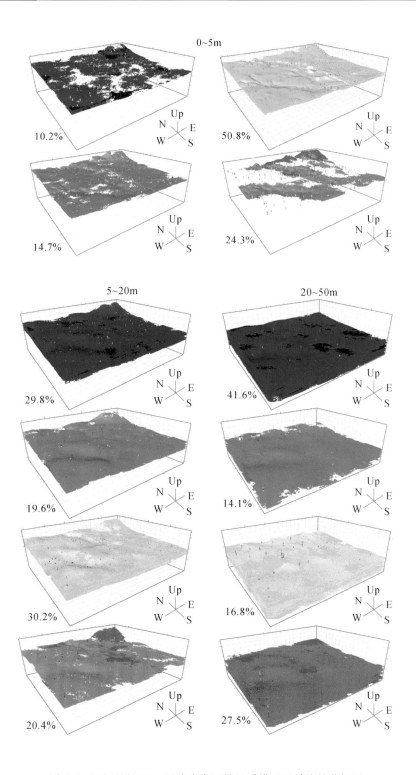

图 9-4 三河县幅 50m 以浅岩性三维地质模型及单岩性分解图

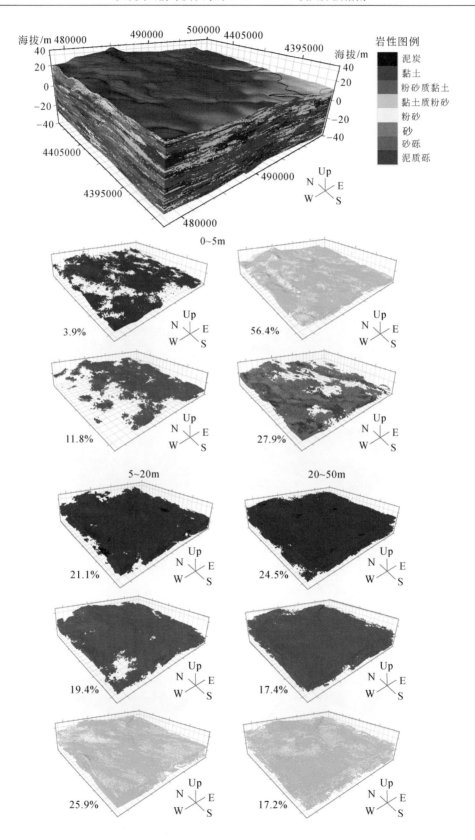

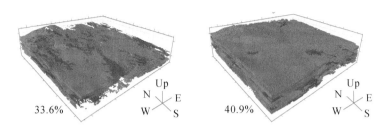

图 9-5 大厂回族自治县幅 50m 以浅岩性三维地质模型及单岩性分解图

岩性三维地质模型显示，工作区表层 5m 第四纪沉积物以黏土质粉砂、粉砂为主，体积占比 42%～56.4%，且北部粉砂及黏土质粉砂比例高于南部；砂体积占比 20%～27.9%，其主要分布区与遥感解译古河道分布高度重合；工作区表层 5m 黏土含量一般低于 15%，主要集中于工作区东南部；而砾石、砂砾仅在测区东北少量发育。随着深度增加，沉积物中粉砂及黏土质粉砂比例逐渐降低，黏土及砂、砂砾的比例则具有明显增加趋势，其中渠口地区埋深 20～50m 的沉积物中砂、砂砾体积占比可达 38%，大厂回族自治县幅甚至达到 40.9%；三河县幅中区埋深 20～50m 的沉积物中黏土、粉砂质黏土的体积占比则达到了 55.7%。上述岩性变化，客观地反映了中更新世晚期以来，工作区沉积环境的总体变化趋势。表层 5m 第四纪沉积物分布与晚更新世晚期至全新世的沉积体系关系密切，而埋深 5～50m 之间的沉积物分布规律则指示了中更新世晚期至晚更新世中期的沉积格局，该时期工作区北部三河-黄土庄断裂应存在较大规模的活动，形成了以皇庄一带为中心的湖相、湖沼相沉积体系，黏土、粉砂质黏土体积占比较高，而燕郊—香河—渠口线则受古潮白河水系影响沉积作用以河流相沉积为主，砂、砂砾体积占比较高。

4. 第四纪沉积相三维地质模型

本次工作以标准孔综合研究成果为依据，通过对工作区范围内 142 眼钻孔的沉积相进行详细划分及联孔剖面绘制，建立了工作区第四纪沉积环境基本格架，并将其进行三维地质建模，形成了工作区第四纪沉积相三维地质模型（图 9-6）。该模型很好地展示了工作区第四纪以来沉积环境变化。第四纪早期，工作区北部以洪积扇相沉积为主，南部以曲流河相沉积为主；中更新世，北部洪积扇沉积逐渐萎缩，并向辫状河相及湖沼相沉积转变，南部则依旧以曲流河相沉积为主；晚更新世之后，洪积扇相沉积区域进一步萎缩，仅在测区东北部段甲岭—白涧一带少量发育，全区整体转变为曲流河相沉积。

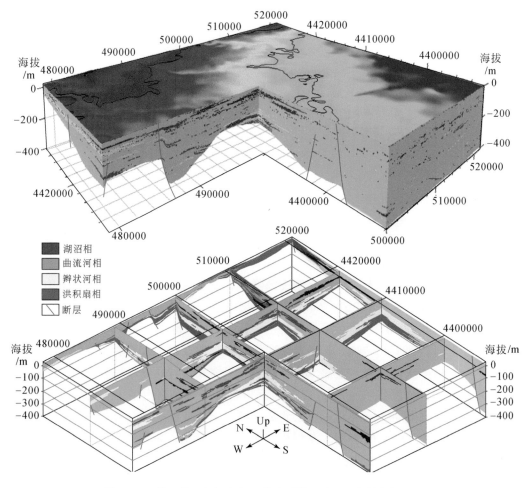

图 9-6　工作区第四纪沉积相三维地质模型及沉积相结构栅状图

第三节　基岩三维地质结构

　　本次所建立的工作区基底构造面起伏三维模型是在充分利用油气勘探地震剖面、钻孔、航磁、重力资料以及本次工作编制的基岩地质图的基础上完成的，建模过程中利用 Petrel 软件建立了基岩断层模型，并模拟优化了基岩面起伏形态。该模型详细刻画了测区新生界底界和第四系底界基底起伏特征及基底构造特征，对宝坻凸起、大兴凸起、大厂凹陷、武清凹陷等深部构造具有直观的展示效果（图 9-7，图 9-8）。

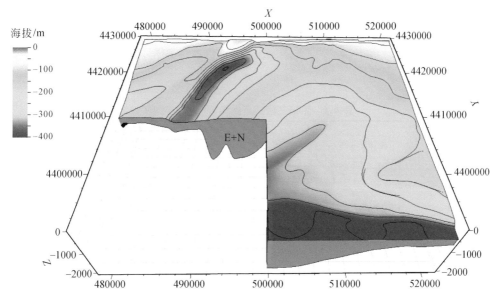

图 9-7 工作区第四系底界基岩面起伏三维模型

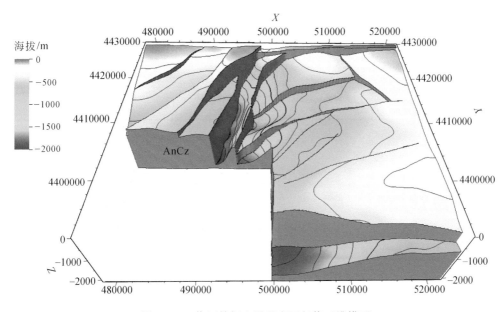

图 9-8 工作区前新生界基底面起伏三维模型

第四节 三维地质结构精度分析

本次试点工作，地表 3m 以浅的岩性三维地质模型共利用槽型钻、地表陡坎等露头，密度为 43 ~ 68 个 /100km²，满足浅地表岩性三维地质结构模型的建模要求；参与 50m 以浅岩性三维模型建立的钻孔密度为 11 ～ 18 个 /100km²，满足 1 ∶ 5 万城市地质调查的钻孔控制精度要求（中等 – 复杂地质渠 10 ～ 25 个 /100km²）；此外用于第四纪地层三维地质结构模型的钻孔密度为 10.5 ～ 13.5 个 /100km²，达到《中国城市地质调查工作指南》规定的密度要求（2 ～ 5 个 /100km²），详见表 9-3。

表 9-3 图幅三维地质结构模型控制精度

模型分类	渠口镇幅		三河县幅		大厂回族自治县幅		1 ∶ 5 万城市地质调查	备注
	钻孔总数 / 个	钻孔密度 / (个 /100km²)	钻孔总数 / 个	钻孔密度 / (个 /100km²)	钻孔总数 / 个	钻孔密度 / (个 /100km²)	钻孔密度 / (个 /100km²)	
3m 以浅岩性三维地质模型	222	55.5	272	68	172	43		地表浅钻、地表陡坎
50m 以浅三维地质岩性模型	72	18	44	11	46	11.5	8 ～ 16（简单区）	1 ∶ 5 万工程地质调查钻孔精度要求
							10 ～ 20（中等区）	
							15 ～ 25（复杂区）	
第四纪地层三维地质结构模型							2 ～ 5（第四系埋深100 ～ 500m）	《中国城市地质调查工作指南》
第四纪岩相三维地质模型	54	13.5	44	11	42	10.5		

第十章　专题地质调查

第一节　地裂缝调查

一、分布及构造特征

香河荆庄一带地裂缝最初发生于 2004 年，其主要分布于香河县荆庄村、大田村一带。本次试点工作对荆庄村地裂缝平面展布特征、垂向立体特征进行了详细的调查与研究，查明了荆庄地裂缝形成机制及地质背景。

通过本次排查，除荆庄村、大田村一带外，北村一带也有少量地裂缝发育，荆庄村、大田村一带地裂缝带整体呈北东东 80° 方向展布，由 10 余条雁列状地裂缝组成，单条裂缝延伸 20 ～ 200m 不等，地表水平裂开 0.5 ～ 3cm 不等，造成地表建筑物不同程度受损（图 10-1）。运动学特征表现为裂缝南侧发生明显沉降，水平位移不显著，根据房屋修建年代及裂缝沉降量估算，荆庄地裂缝沉降速率为 6 ～ 7mm/a。

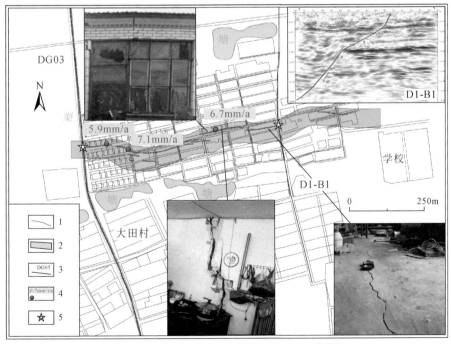

图 10-1　荆庄地裂缝分布及工程避让区划图

1. 地裂缝；2. 工程避让区；3. 人工浅层地震剖面；4. 地裂缝沉降量；5. 地震解译断层投影点

二、成因分析

（一）初步排查

地裂缝一般由地面的不均匀沉降引发，而地面沉降成因类型包括构造沉降、抽水沉降及采空沉降三种类型。经查阅资料及走访调查，荆庄、大田村及周边一带自 20 世纪 50 年代以来主要使用地表水（渠水）进行农业灌溉，周边亦没有耗水量巨大的工矿企业，不存在地下水超采漏斗，基本排除了抽水沉降成因；经走访调查，荆庄村及周边也没有大规模的地下采矿活动，因此可以排除采空沉降成因；综上所述，结合前人区域重力、航磁、钻探等研究成果，宝坻断裂大致沿荆庄—大田一带通过，据此推断荆庄地裂缝最有可能为构造沉降成因。

（二）综合物探调查

本次试点工作部署了重力剖面、氡气、浅层二维地震和三维地震等地球物理方法，对荆庄一带地裂缝空间展布及深部颜色构造特征进行调查。浅层二维地震波反射剖面显示，宝坻断裂垂直上延至荆庄村，断层具有南倾正断特征；配合浅层二维地质施工的氡气测量也表明，荆庄地裂缝通过区域附近出现明显的氡气异常；通过浅层三维地震剖面不同时深的垂向切片可见 400ms 以上荆庄地裂缝展布形态十分清晰，每层切片显示的线性展布规律与地表地裂缝整体走向基本一致。综上所述，荆庄地裂缝的形成与宝坻断裂构造活动直接相关。

三、工程建设避险建议

以本次荆庄村—大田村一带的野外实地调查和综合物化探勘探工作为基础，根据宝坻断裂地表延伸以及地裂缝的分布特征，初步划分出一条宽 60m、长 800m 的工程建设避险区带，为该村及周边工程建设提供了参考（图 10-1）。

第二节　饱和（粉）砂土震动液化调查

饱和（粉）砂土震动液化现象多发生于埋深小于 20m 的全新世饱水粉砂、细砂中，并与地震烈度、砂（粉）土的密实度、黏粒含量、砂层厚度、地下水水位及盖层渗透性强度密切相关。针对测区潜在的饱和（粉）砂土液化，本次工作采取野外调查结合钻探等技术手段，对测区全新世浅层 20m 以浅饱水粉砂、细砂进行了详细调查并建立了测区浅层 20m 粉砂、细砂分布三维模型。

首先根据野外走访调查，圈定了大河各庄 - 渠口、南刘庄 - 大清庄务、李辛庄 - 五百户、

香椿营 – 董家湾、红旗庄 – 桑梓等五个曾经发生地震冒沙区域。据调查,以大河各庄 – 渠口、李辛庄 – 五百户两地最为严重,两地在 1976 年唐山大地震时曾大规模喷水冒砂,砂呈灰黑色,钻孔岩心揭示,两地 20m 以浅砂层较厚,其中西梨园村附近自 3m 至 16m 均为细砂、粉砂组合,4m 以下为饱水砂层。此外,在红旗庄——桑梓一带,地表可见多条砂脉及包卷层理,其均指示这里曾发生砂土液化现象。其中砂脉见于河村村北,脉壁较为平直,宽 5 ～ 10cm 不等,近垂直切穿表层黏土质粉砂层(图 10-2a);包卷层理见于红旗庄村西,沟河早期边滩沉积的细砂向上突起,顶入浅表黏土质粉砂之中。

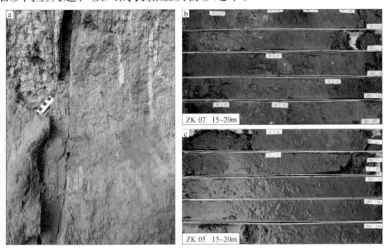

图 10-2　野外砂脉(a)及钻孔中的饱水细砂、粉砂(b、c)照片

本次工作在基准孔、控制孔和收集第四纪钻孔的基础上,布设了 12 孔 20m 浅钻(图 10-2b、c),结合野外地质调查、陡坎剖面、槽形钻等技术手段,对浅层 20m 粉砂、细砂层进行了详细调查,并建立了三维结构模型(图 10-3)。测区粉砂、细砂摇振反应迅

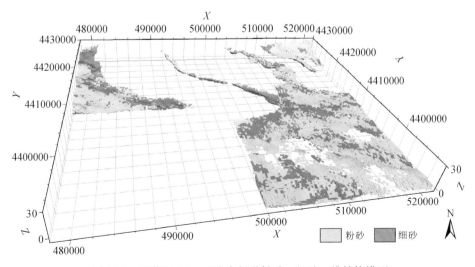

图 10-3　工作区 20m 以浅全新世粉砂、细砂三维结构模型

速，多呈北西－南东向带状分布，与现今河流展布方向大致一致，个别地区与废弃河道、古河道位置重叠。五百户—香椿营一带浅表 20m 内粉砂、细砂厚约 8～10m，大部分位于水位之下；土堡子—渠口镇—朱家铺一线，砂层厚 4～8m，其中以渠口镇一带最厚，达 12m，大部分砂层位于水位之下；潮白河、沟河及鲍丘河沿岸砂层厚 5～15m，李家深村一带最厚达 17.7m。

地下水水位差异明显具有北部深、南北浅的特点，但是季节变化显著，特别是前骆驼岗村至埝头村一线以南地区，枯水期与丰水期水位落差可达 2～5m，而丰水期最浅水位可达 0.8m。因此，为排除水位落差造成的影响，本次工作以 0m 水位作为预测砂土液化区的基准水位，同时排除全新世之前沉积物，将测区划分出 5 个潜在砂土液化区（图 10-4）。

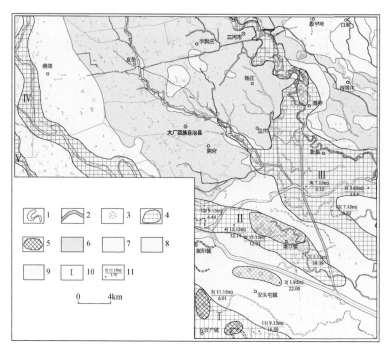

图 10-4　工作区潜在饱和（粉）砂土液化区分布图

1. 废弃河道、古河道；2. 现代河流；3. 地震冒砂点；4. 潜在饱和（粉）砂土液化区；5. 已发生砂土液化区；
6. 晚更新世沉积物；7. 全新世早期沉积物；8. 全新世中期沉积物；9. 全新世晚期沉积物；
10. 潜在砂土液化区编号；11. 标准贯入实验锤击数（深度）/ 液化指数

I 区沿后马房、五百户镇、香椿营、王家务一带呈片状展布，面积约 39km²，该片区受全新世中晚期河流影响，砂层埋深较浅，厚度大，并且地下水位较浅，历史上曾发生大规模地震冒砂现象；II 区沿土堡子、西马家窝、渠口镇、宝坻区史各庄一线呈带状展布，面积 48km²，空间上与窝头河及其废弃河道发育位置重叠，具有埋深浅、松散，砂层厚度大，砂带宽，含水率高等特点，是极易发生（也曾经大规模发生）砂土液化的潜在区；III 区主要沿鲍丘河下游、沟河两岸展布，面积 165km²，受沟河及鲍丘河冲积体系影响，砂层厚，埋深浅，南部水位浅，极易发生砂土液化，而北部地区虽有河水补给，但水位较低，发生砂土液化风险稍低；Ⅳ区分布于大厂幅西部，沿潮白河两岸呈带展布，面积58km²，砂层厚、含水高、盖层薄，同样是极易发生砂土液化的区域。Ⅴ区分布于大厂幅西南角，沿北运河呈带状展布，面积约4km²，砂层厚、含水高，易发生砂土液化。

第三节　全新世沉积环境调查

以本次系统调查的浅地表全新世沉积环境为基础，结合本区的多目标地球化学成果，初步探讨了不同沉积环境下的元素组合特征，认为本区全新世河漫湖沼的沉积环境形成的细碎屑更容易吸附 Se、Zn、Mo、B 等有益元素，受后期人类工业发展影响，河漫滩沉积环境中 Pb、Cd、As、Cr、Hg 等有害元素含量相对较高，根据上述认识初步圈定出安头屯、虎将庄、西四庄和连子营 4 个绿色农业发展区（图 10-5），为地方发展富硒、富锌等绿色生态农业提供了重要参考，为京津冀协同发展及生态文明建设提供了基础资料。

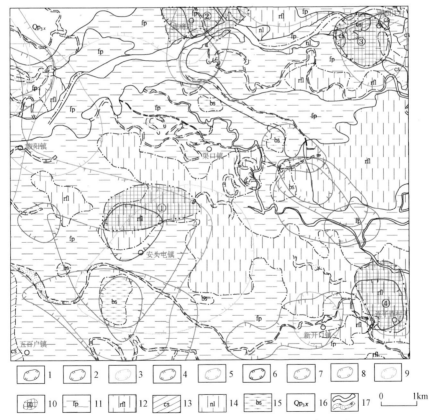

图 10-5　渠口镇幅全新世沉积环境与绿色农业建议区划图

1.Pb 异常及范围；2.Cd 异常及范围；3.As 异常及范围；4.Cr 异常及范围；5.Hg 异常及范围；6.Se 异常及范围；7.Zn 异常及范围；8.B 异常及范围；9.Mo 异常及范围；10.绿色农业种植规划区及编号；11.河漫滩微相；12.河漫湖沼微相；13.决口扇微相；14.天然堤微相；15.岸后沼泽微相；16.晚更新世西甘河组；17.河道及废弃河道

第四节　岩溶塌陷调查

工作区北部三河市齐心庄—大胡庄一带存在较为严重的地面塌陷灾害，如 2013 年 6 月 14 日下午，齐心庄村民在施工灌溉井过程中，地面突然塌陷，形成倒圆锥形的大坑，东西长 18.7m，南北长 19m，最大深度 10.4m，5m 高井塔瞬间被吞没，塌陷坑地表周边裂缝明显，延伸长度达 5m。塌陷坑位于村庄主干道上，塌陷坑边缘距最近的民房仅 1m，严重威胁周边居民及生命财产安全。

本次工作重点对三河市大胡庄一带岩溶塌陷地质灾害进行了地表详细调查，配合搜集到的钻探、物探资料（高启凤等，2016），初步分析认为，齐心庄—大胡庄一带属于典型的覆盖型岩溶区，上部为第四系松散堆积物，下部为岩溶极其发育的碳酸盐岩。基底灰岩岩溶发育形成了初始溶洞，而溶蚀裂隙及上覆松散第四系砂土层又提供了源源不断的地下水补给，使溶洞进一步发育。在一定的外力诱导下，突发具有严重破坏性的地面塌陷灾害（图 10-6）。

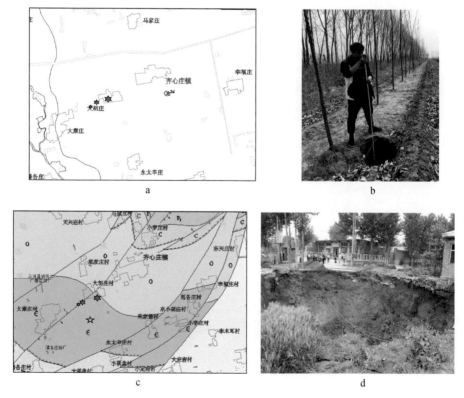

图 10-6　大胡庄一带地面塌陷地灾特征

a. 地表第四纪地质图；b. 新发现地面塌陷坑；c. 基岩地质图；d. 村中央地面塌陷坑

第五节 固体废弃物分布调查

本次工作依据遥感影像资料及野外调查，对研究区内农村垃圾坑、污水坑、无防护垃圾填埋场、渣土堆场、大型取土坑以及严重污染水体进行了调查，共识别出无防护垃圾填埋场15处、渣土堆场19处、取土坑27处，农村生活垃圾坑340处、污水坑236处（图10-7）。

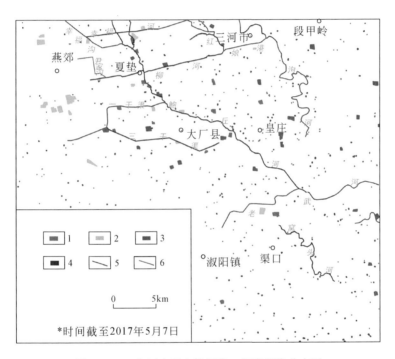

图 10-7 工作区主要水体污染、固废污染分布图

1. 无防护措施垃圾填埋场及农村垃圾坑；2. 无防护措施的渣土堆场；3. 深坑；4. 农村污水坑；5. V类水体；
6. 劣V类水体

1. 污染水体分布

同时查明区内地表水体污染状况，将其划分为V类水体和劣V类水体，其中劣V类水体包括鲍丘河全河段、幸福河、（柳河）、尹家沟、红娘港、泃河三河市段、大厂三干渠及窝头河上游等河道。鲍丘河以工业污染为主，生活污水次之，水体恶臭，鱼虾绝灭，在高分2号遥感影像、谷歌影像上呈深蓝、蓝灰色调，与引沟入潮河（Ⅲ类水体）影像特征差异极为显著（图10-8a），马房村一带可以见到明显的污水扩散带（图10-8b）。而其他劣V类水体多因生活污水直排造成，COD、BOD 及 N、P 超标，水体黑臭，部分河段见富营养化现象。

图 10-8　工作区典型固废、污染水体野外照片及遥感影像特征

2. 垃圾填埋场、渣土堆、取土坑分布

无防护措施的垃圾填埋场大多分布于三河及大厂一带，小者占地数百平方米，大者占地约 15hm²。遥感解译大于 1hm² 的填埋场全部经过野外验证，这些填埋场在原有取土坑基础上直接倾倒填埋，边坡及底部无任何防渗措施，填埋坑大多深于潜水层，故对地下水污染影响极大（图 10-8b，图 10-8d）。通过 2015 年与 2017 年遥感影像对比，剔除了无防尘措施的建筑工地，共识别渣土堆场 19 处，其大多分布于燕郊与大厂一带。经野外调查，这些堆场大多无绿化措施或无防尘网覆盖（图 10-8c），成为该地区扬尘重要的污染源。此外通过遥感影像我们还识别了 29 处规模较大的取土坑，虽然无大规模倾倒垃圾现象，但这些取土坑也是将来污染重点排查地区。

3. 农村污水坑塘分布

通过本次野外路线地质调查发现，几乎每个村庄都分布有大大小小的生活垃圾倾倒点、污水坑，由于项目工作量及经费限制，对于小型农村生活垃圾坑、污水坑的排查仅根据遥感影像识别，仅少部分得到了野外验证。受限于遥感影像分辨率及时效性影响，本次工作标绘的农村生活垃圾坑、污水坑可能存在一定的误差或错误，但是对于农村环境治理及美丽乡村建设还是有一定的参考价值。

第六节 地质遗迹调查

本次工作主要通过各时期遥感影像以及 20 世纪 60 年代航片解译，结合不同历史时期地方史志资料，辅助少量 ^{14}C 同位素测年及光释光测年手段，对全新世以来，特别是距今 3000 年以来工作区内主要河流演化与变迁进行了系统梳理，确定了潮白河、鲍丘河、沟河、窝头河等河流各个时期的古河道位置（图 10-9）。受限于历史资料及古河道埋藏条件限制，本次工作对区内主要河流变迁过程的梳理成果需要将来进一步验证，现以潮白河为例详述如下。

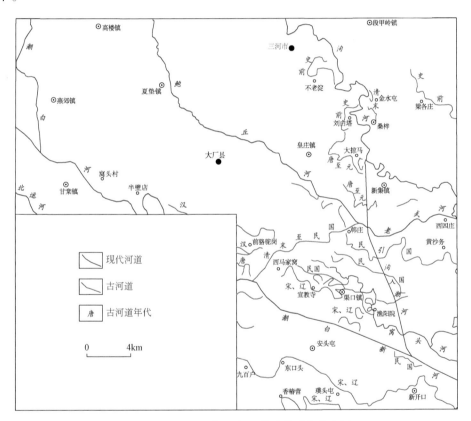

图 10-9 工作区古河道及其时代分布图

南北朝以前潮河、白河为两条河流并单独入海，测区则主要受潮河影响较大，鲍丘河、窝头河等在某历史时期均曾为潮河的分支水道，而燕郊、甘棠、香河、渠口、五百户、新开口等地区均为潮河洪泛区。

北魏孝文帝太和年间潮河与白河第一次汇流于通州，潮白河形成，其大致位置基本相当于现今北运河，后历代统治者出于军事、运粮等不同需求，对其多次改造疏浚，两河交汇位置逐渐北移，现今位于密云水库。自潮河、白河汇流之后，潮白河曾多次决口改道。致使方志中对区内河流的记载较为混乱，仅民国版香河志记载潮白河的名字就有箭杆河、武河、鲍丘河、窝头河等，可见潮白河改道之频繁与混乱。而史料中记载较为详细的包括鲍丘河和窝头河，其源头和位置均与潮白河存在差异，并非指同一河流。其中窝头河古称渠河，原本为密云、顺义一带丘陵水及雨汛潦水汇集而成，其河道基本位于半壁店—窝头庄—苍头庄—马家窝—阎胡套—金庄—渔阳院—宝坻一线，东汉时期渔阳郡太守张堪曾在香河渠口一带引水灌田种稻。因此我们可以得出结论，潮白河曾多次袭夺窝头河、鲍丘河、箭杆河河道或者形成多条分支河道。

　　唐朝时期，潮白河曾窜入窝头河，其河道位于北三百户—蒋辛屯—前后骆驼岗—双营一线，向南汇入箭杆河，前骆驼岗村南一带在遥感影像中仍可识别模糊的带状影像。据史料记载，宋辽时期，潮白河分为南北两支（亦可能为两次改道，史称萧后运粮河），北支河道基本沿现今窝头河展布，位于淑阳镇北—白庙—义井—河各庄—宣教寺—温庄—王刘圈—牛济河—荣各庄—宝坻一线，其中在河各庄一带曾发现宋辽时期古沉船，此外遥感影像中还可识别出该时期古河道形态；南支则位于百户—口头—孙营庄—幞头屯—刘宋—新开口一线，现今野外仍可见断续的河槽，并且在遥感影像中也可见清晰的影纹。

　　宋辽至清末之间的八九百年间，古潮白河大体沿北运河行径，部分水流窜入窝头河。清光绪十二年（公元 1886 年）顺义李遂镇潮白河左堤决口，河水北窜入箭杆河，由半壁店东南流，经三河西南入香河境，经仓头、南北吴村、百家湾、马家窝，据民国时香河县志载，当时青龙桥上下游，淤塞数里，故潮白河自马家窝决口，至固庄、辛庄，沿香河、三河市界汇鲍邱河东流，经虎将庄、西罗村入宝坻境内，早期武河形成。1912 年，李遂镇潮白河左堤再次决口，大水再次沿水流窜入鲍丘河，这样经自然冲刷形成武河河道，1916 年于窝头河马家窝处开始沿武河冲刷之势，至香河韩窦庄止筑堤，形成武河。1924 年，为减轻鲍邱河下游行洪压力，使潮白河河水经沟河入蓟运河，乃自香河县韩窦庄北往东至宝坻西四村开挖引河 9.8km，沟通香河县境武河，此段后亦称武河。1951 年，为减轻潮白河行洪压力，于香河县焦康庄村西始开挖潮白新河，至此，武河（现称老武河）逐渐淤废。

　　本次工作主要利用 20 世纪 60 年代航片并结合不同历史时期地方史志、地名等资料，对香河县境域不同时期古河道进行重点解译，配合野外地表调查共填绘出全新世早中期、汉代、隋唐、宋辽、清代 5 期古潮白河河道（图 10-9）。研究认为进入全新世中期以来，伴随着东部山区的抬升，古潮河逐渐西迁，而主河道也随着水量多寡而多次易主，造就了香河独特的潮白河自然景观和古生态文化，该成果为香河县地方史志编写、地方历史文化建设、历史遗迹调查、旅游资源开发等方面提供了基础地质背景资料。

第十一章 结 束 语

本指南是以河北 1 ： 50000 大厂回族自治县、三河县、渠口镇三幅第四系覆盖区地质填图项目填图方法实践为基础，针对京津冀山前冲洪积平原区第四系厚度较大、沉积相变剧烈等特殊地质地貌特征，并充分总结区域上近年来在第四纪地质填图方面所采用的先进方法成果，着重从第四纪地质地貌调查、活动断裂调查、基岩地质调查、三维地质结构、成果图件表达等方面进行了方法总结和编写，现概括如下：

（1）第四纪地貌调查采用遥感解译与野外实地验证相结合的方法，其中早期遥感影像对宏观地貌影像的解译效果较好，航片及高分辨率遥感卫片（GF1、GF2 等数据）更加适用于微观地貌的解译，另外文献调查、地形图以及高精度的数字高程模型（DEM）分析均能够在第四纪地貌调查中起到很好的辅助作用。上述方法对于调查地貌适用性强。

（2）地表沉积物调查在遥感解译的基础上，通过路线地质调查和地质剖面调查两种方式，其中地质路线采用穿越法为主、追索法为辅的布设方式，系统观测地表第四纪填图单元特征及沿线地貌特征。地质观察点尽可能利用地表已有沟渠断坎进行连续观测，对于没有明显地表露头的地方，采用地表浅钻（槽型钻、洛阳铲等）进行揭露，深度控制在 3 ～ 5m；第四纪地表松散沉积物进行形成时代、成因、沉积相精细研究，采用地质剖面测量，剖面的位置一般选择在地表自然陡坎（河沟、洼地）和人工陡坎等部位，可采用垂向剖面和横向－垂向联合剖面两种方式系统调查研究沉积物的形成时代、成因类型和沉积环境，该技术方法组合可在京津冀山前冲洪积平原区第四纪调查区推广使用。

（3）综合分析近年来京津冀山前冲洪积平原区的第四纪地表填图单元划分方案的优缺点，认为以岩性为基础的 "时代 + 成因 + 沉积相"的地表填图单元划分方案能够精细地记录地表沉积物的沉积充填过程，通过调查松散沉积物的沉积组合特征来反映不同沉积环境，适用于本区第四纪地表填图单元的划分。

（4）第四纪地层层序调查以基准孔岩石地层划分为基础，建立地层划分标志，进行年代地层、生物地层、气候地层、磁性地层、事件地层的多重地层划分对比，并研究其沉积环境、古气候演化等特征；第四纪地质结构调查遵循"由点到线，由线到面，由面到体"的技术流程，首先在充分收集研究已有各类钻孔资料的基础上，以第四纪松散沉积物的岩性、岩相为基础，综合参考成因类型、古地理等特征系统划定第四纪沉积分区。以基准孔研究为中心，根据第四纪沉积分区及工作精度要求筛选区内可用于地层层序划分的控制孔，建立工作区钻孔测网。以岩性、沉积相为基本的对比划分标志，联绘钻孔测网不同方位的第四纪沉积剖面，研究不同第四纪沉积分区的垂向和侧向沉积演化规律，进而建立第四纪沉积结构，方法有效。

（5）活动断裂调查按照"活动断裂判别→活动断裂精确定位→活动断裂精确定时"的技术流程，首先根据区域地质构造资料分析、遥感解译、构造地貌调查等方法对工作区的活动构造进行筛选、甄别，选取需要重点调查的活动断裂；其次进行活动断裂的精确定位，在遵循"由深及浅、上断点接力"的工作思路前提下，采用"深层地震→浅层地震、高密度电法、探地雷达→断层气测量、钻探、槽探"由深部至浅部再至地表的层级递进方法来系统调查活动断裂的精确位置；最后在活动断裂出露部位采集相应的测年介质，选取不同的测试方法对活动断裂进行精确定时。上述活动断裂调查技术方法组合适用性强，可推广利用。

（6）基岩地质调查主要依靠地球物理勘探和钻探方法进行，其中基底面起伏调查通过获得的不同比例尺重力测量数据统一计算处理编制布格重力异常图，去除背景值编制剩余重力异常图。以区内水文钻孔、地热钻孔等深部钻孔资料作为标定，利用剩余异常确定基岩埋深特征，编制新生界底界等深图等图件；基底断裂调查可以利用重力剖面勘探、大地电测深和地震探测等物探方法，其中布格重力异常梯度带、磁力正负异常梯度带、地震波组同向轴错断部位一般是基底断裂位置；基岩地层调查以标准孔为划分对比标准，选取区域上普遍存在的标志层，此外配合测井曲线、薄片鉴定等资料进行区域对比，建立工作区基岩地层层序；基岩地质图的编制依据钻孔揭露地层、物探推断的构造线，结合地质剖面的地质界线垂直投影来确定平面地质界线，从而完成全平原区基岩地质构造图的修编。上述基岩调查方法成熟有效，适用于本区基岩地质调查。

（7）三维地质结构可视化通过"数据准备→构造模型→属性模型与属性分析→模型检验"的技术流程来实现，其中三维地质模型原始数据主要包括井位数据、测井数据、剖面数据、分层数据、插值数据、高程数据等，通过三维软件处理形成原始模型数据；通过对分层信息、高程数据的分析，依次编辑断层模型、边界、层面模型、区块模型及小层模型，通过对断层面、构造层面的编辑与调节，完成构造模型建立；属性模型以钻孔岩性数据、测井数据、物探数据及合理的插值数据为基础，通过对数据进行人为干预下的数学运算，将属性结构充填于构造模型中地质块体来实现；模型检验通过建立过井剖面检验属性模型与测井数据、地质认识的吻合程度来实现，通过调整属性分析过程中的参数来进一步完善地质模型。上述建模流程适用于本区三维地质结构调查。

（8）第四纪地质图成果表达以主图表达为中心，以"时代＋成因＋沉积相"为基本填图单位，加强地表地质沉积过程的表达；辅图则要主体表达基于具体需求所形成的一系列成果亮点图件，如岩相古地理图、三维地质结构图、活动断裂图等成果图件，从而辅助主图来表达第四纪填图成果内容；基岩地质图主图按照"实测＋推断"相结合的方式表达隐伏基岩和基底断裂的分布特征，主图之外还需要突出以钻孔－物探综合剖面来表达隐伏基岩地质体的垂向变化特征，在钻孔资料充分的基础上建立完整的地层综合柱状图，以此表达沉积演化旋回；专题系列图以第四纪地质图和基岩地质图为基础，根据城市规划部门、自然资源部门对城市地下空间开发、资源勘查的具体需求，相应编制工作区地质灾害分布图、地壳稳定性评价图、地下热水分布图、优质矿泉水分布图等专题系列图件。

（9）数据库建设包括原始资料数据库和地质图空间数据库建设两大部分，具体建库流程和方法参照《数字地质图空间数据库》（DD 2006—06）等相关标准执行。

（10）专题地质调查根据项目任务书要求，并结合工作区具体社会需求，以第四纪地质填图成果为基础，开展区内水文地质、工程地质以及灾害地质等方面的地质背景调查工作，将第四纪地质调查、基岩地质调查的成果推广应用于岩相古地理、活动断裂、砂土液化、岩溶塌陷、古潮白河变迁、不老淀古湿地变迁、刘白塔古人类生存环境调查等方面，为生态文明建设提供了基础地学支撑，对京津冀山前冲洪积平原区填图成果的推广应用具有重要借鉴意义。

参 考 文 献

安守林，黄敬军，张丽，等. 2015. 海绵城市建设下城市地质调查工作方向与支撑作用——以徐州市为例 [J]. 城市地质，10（4）：6-10.

宝坻县志编修委员会. 1995. 宝坻县志 [M]. 天津：天津社会科学出版社.

北京市地震地质会战办公室. 1982. 北京平原区全新世构造活动调查研究 [Z].

北京市地质调查研究院. 2002. 北京市 1：25 万区域地质调查报告 [R].

北京市地质调查研究院. 2013a. 北京市平原区活动断裂专项地质调查 [R].

北京市地质调查研究院. 2013b. 北京市平原区基岩立体地质调查成果报告 [R].

蔡向民，郭高轩，栾英波，等. 2009a. 北京山前平原区第四系三维结构调查方法研究 [J]. 地质学报，83（7）：1047-1057.

蔡向民，栾英波，郭高轩，等. 2009b. 北京平原第四系的三维结构 [J]. 中国地质，36（5）：1021-1029.

陈成沟，邢成起，胡乐银，等. 2017. 北京及其邻区小震重定位与活动构造分析 [J]. 地震，37（3）：84-94.

陈望和，倪明云. 1987. 河北第四纪地质 [M]. 北京：地质出版社.

邓梅，沈军，李西，等. 2018. 夏垫断裂大胡庄探槽古地震事件分析 [J]. 地震研究，41（2）：293-301.

地质矿产部航空物探总队九〇三队. 1987. 冀中拗陷北部地区高精度航磁测量成果报告 [R].

范立新. 2010. 武清凹陷西部沙河街组 – 东营组地震相与成藏条件分析 [D]. 青岛：中国石油大学（华东）.

高启凤，陈玉莲，武孟豪. 2016. 三河市大胡庄村地面塌陷成因分析及机理研究 [J]. 新疆有色金属，（2）：33-35.

郭高轩，栾英波，叶超，等. 2008. 北京平原区第四纪下限问题研究 [J]. 城市地质，3（2）：13-16.

何付兵，白凌燕，王继明，等. 2013. 夏垫断裂带深部构造特征与第四纪活动性讨论 [J]. 地震地质，35（3）：490-505.

河北省地球物理勘查院. 2008. 香河县荆庄村地裂缝灾害调查与防治勘查报告 [R].

河北省区域地质矿产调查研究所. 2017. 中国区域地质志·河北志 [M]. 北京：地质出版社.

河北省三河县地方志编纂委员会. 1988. 三河县志 [M]. 北京：学苑出版社.

河北省香河县地方志编纂委员会. 2001. 香河县志 [M]. 北京：中国对外翻译出版公司.

胡超. 2017. 北京市平原区构造型地裂缝蕴发机理研究 [D]. 西安：长安大学.

胡健民，毛晓长，邱士东，等. 2018. 1：50000 覆盖区区域地质调查指南（试行）[S].

蓟县志编修委员会. 1991. 蓟县志 [M]. 天津：天津社会科学出版社.

江娃利，侯治华，肖振敏，等. 2000. 北京平原区夏垫断裂齐心庄探槽古地震事件分析 [J]. 地震地质，22（4）：413-422.

金永念，季克其. 2001. 地质调查中物探资料的开发应用 [J]. 中国区域地质，20（4）：422-443.

李华章. 1995. 北京地区第四纪古地理研究 [M]. 北京：地质出版社.

李继军. 2006. 天津城市三维地质结构调查工作方法的应用 [J]. 地质调查与研究, 29（3）：233-240.

李明芝. 2017. 北京市平原区地裂缝发育与新构造活动的关系 [D]. 西安：长安大学.

李向前, 赵增玉, 程瑜, 等. 2016. 平原区多层次地质填图方法及成果应用——以江苏港口、泰县、张甸公社、
  泰兴县、生祠堂镇幅平原区 1：50000 填图试点为例 [J]. 地球力学学报, 22（4）：822-836.

李小华, 张志永, 马成兵. 2017. 三河市齐心庄—高楼一带岩溶塌陷风险评价研究 [J]. 价值工程, 18：
  166-169.

马志霞, 张国宏, 陈旭庚, 等. 2018. 利用浅层地震反射法探测夏垫断裂浅部特征及空间展布 [J]. 地震学报,
  40（4）：399-410.

孟宪梁, 杜春涛, 王瑞, 等. 1983. 1679 年三河 – 平谷大震的地震断裂带 [J]. 地震,（3）：18-23.

缪卫东, 周国兴, 冯金顺, 等. 2010. 二维地震勘探方法在南通区调工作中的应用 [J]. 地震地质, 32（3）：
  520-531.

邱鸿坤, 陈忠大, 汪庆华, 等. 2004. 厚覆盖区 1：25 万区域地质调查工作方法研究 [J]. 资源调查与研
  究, 25（2）：79-87.

冉勇康, 邓起东, 杨晓平, 等. 1997. 1679 年三河 – 平谷 8 级地震发震断层的古地震及其重复间隔 [J].
  地震地质, 19（3）：193-202.

天津市地质调查研究院. 2005. 天津市幅 1：25 万区域地质调查报告 [R].

田明中, 程捷. 2009. 第四纪地质学与地貌学 [M]. 北京：地质出版社.

通州区地方志编修委员会. 2003. 通县志 [M]. 北京：北京出版社.

王强. 2003. 华北平原第四系下限的再研究 [J]. 地质调查与研究, 26（1）：52-60.

王强, 李凤林. 1983. 渤海湾西岸第四纪海陆变迁 [J]. 海洋地质与第四纪地质, 4：83-89.

王涛, 毛晓长, 邱士东, 等. 2019. 区域地质调查技术要求（1：50000）（DD 2019-01）[S].

吴忱. 1984. 河北平原的地面古河道 [J]. 地理学报, 39（3）：268-276.

吴忱, 朱宣清, 何乃华, 等. 1991. 华北平原古河道的形成研究 [J]. 中国科学（B 辑）,（2）：78-87.

向宏发, 方仲景, 张晚霞, 等. 1993. 北京平原区隐伏断裂晚第四纪活动性的初步研究 [J]. 地震学报,
  15（3）：385-388.

胥勤勉, 袁桂邦, 辛后田, 等. 2014. 平原区 1：5 万区域地质调查在生态文明建设中的作用——以渤
  海湾北岸为例 [J]. 地质调查与研究, 37（2）：85-89.

姚春亮, 夏庆林, 张晓军, 等. 2017. 传统填图法在半覆盖区的改进——第四系岩性填图法 [J]. 地球学报,
  38（4）：549-559.

张宇飞. 2015. 大厂凹陷南段复杂断裂带地震资料深度解释研究 [D]. 西安：长安大学.

赵成彬, 刘保金, 姬计法. 2011. 活动断裂探测的高分辨率地震数据采集技术 [J]. 震灾防御技术, 6（1）：
  18-25.

郑翔, 吴志春, 张洋洋, 等. 2013. 国外三维地质填图的新进展 [J]. 华东理工大学学报, 32（3）：397-
  402.

Cande S C, Kent D V. 1995. Revised calibration of the geomagnetic polarity timescale for the Late Cretaceous
  and Cenozoic [J]. Journal of Geophysical Research,100(B4)：6093-6095.